轨道交通装备制造业职业技能鉴定指导丛书

数 控 车 工

中国北车股份有限公司 编写

中国铁道出版社

２０１５年·北 京

图书在版编目(CIP)数据

数控车工/中国北车股份有限公司编写.—北京：
中国铁道出版社,2015.5
(轨道交通装备制造业职业技能鉴定指导丛书)
ISBN 978-7-113-20005-3

Ⅰ.①数… Ⅱ.①中… Ⅲ.①数控机床－车床－车削
－职业技能－鉴定－自学参考资料 Ⅳ.①TG519.1

中国版本图书馆 CIP 数据核字(2015)第 036776 号

书　　　名：	轨道交通装备制造业职业技能鉴定指导丛书
	数控车工
作　　　者：	中国北车股份有限公司

策　　　划：	江新锡　钱士明　徐　艳	
责任编辑：	张　瑜	编辑部电话：010-51873371
封面设计：	郑春鹏	
责任校对：	龚长江	
责任印制：	郭向伟	

出版发行：	中国铁道出版社(100054,北京市西城区右安门西街 8 号)
网　　　址：	http://www.tdpress.com
印　　　刷：	北京市昌平开拓印刷厂
版　　　次：	2015 年 5 月第 1 版　2015 年 5 月第 1 次印刷
开　　　本：	787 mm×1 092 mm　1/16　印张:10.5　字数:256 千
书　　　号：	ISBN 978-7-113-20005-3
定　　　价：	34.00 元

中国北车职业技能鉴定教材修订、开发编审委员会

序

在党中央、国务院的正确决策和大力支持下，中国高铁事业迅猛发展。中国已成为全球高铁技术最全、集成能力最强、运营里程最长、运行速度最高的国家。高铁已成为中国外交的新名片，成为中国高端装备"走出国门"的排头兵。

中国北车作为高铁事业的积极参与者和主要推动者，在大力推动产品、技术创新的同时，始终站在人才队伍建设的重要战略高度，把高技能人才作为创新资源的重要组成部分，不断加大培养力度。广大技术工人立足本职岗位，用自己的聪明才智，为中国高铁事业的创新、发展做出了重要贡献，被李克强同志亲切地赞誉为"中国第一代高铁工人"。如今在这支近5万人的队伍中，持证率已超过96%，高技能人才占比已超过60%，3人荣获"中华技能大奖"，24人荣获国务院"政府特殊津贴"，44人荣获"全国技术能手"称号。

高技能人才队伍的发展，得益于国家的政策环境，得益于企业的发展，也得益于扎实的基础工作。自2002年起，中国北车作为国家首批职业技能鉴定试点企业，积极开展工作，编制鉴定教材，在构建企业技能人才评价体系、推动企业高技能人才队伍建设方面取得明显成效。为适应国家职业技能鉴定工作的不断深入，以及中国高端装备制造技术的快速发展，我们又组织修订、开发了覆盖所有职业（工种）的新教材。

在这次教材修订、开发中，编者们基于对多年鉴定工作规律的认识，提出了"核心技能要素"等概念，创造性地开发了《职业技能鉴定技能操作考核框架》。该《框架》作为技能人才评价的新标尺，填补了以往鉴定实操考试中缺乏命题水平评估标准的空白，很好地统一了不同鉴定机构的鉴定标准，大大提高了职业技能鉴定的公信力，具有广泛的适用性。

相信《轨道交通装备制造业职业技能鉴定指导丛书》的出版发行，对于促进我国职业技能鉴定工作的发展，对于推动高技能人才队伍的建设，对于振兴中国高端装备制造业，必将发挥积极的作用。

中国北车股份有限公司总裁：

2015. 2. 7

前　言

　　鉴定教材是职业技能鉴定工作的重要基础。2002 年，经原劳动保障部批准，中国北车成为国家职业技能鉴定首批试点中央企业，开始全面开展职业技能鉴定工作。2003 年，根据《国家职业标准》要求，并结合自身实际，组织开发了《职业技能鉴定指导丛书》，共涉及车工等 52 个职业（工种）的初、中、高 3 个等级。多年来，这些教材为不断提升技能人才素质、适应企业转型升级、实施"三步走"发展战略的需要发挥了重要作用。

　　随着企业的快速发展和国家职业技能鉴定工作的不断深入，特别是以高速动车组为代表的世界一流产品制造技术的快步发展，现有的职业技能鉴定教材在内容、标准等诸多方面，已明显不适应企业构建新型技能人才评价体系的要求。为此，公司决定修订、开发《轨道交通装备制造业职业技能鉴定指导丛书》（以下简称《丛书》）。

　　本《丛书》的修订、开发，始终围绕促进实现中国北车"三步走"发展战略、打造世界一流企业的目标，努力遵循"执行国家标准与体现企业实际需要相结合、继承和发展相结合、坚持质量第一、坚持岗位个性服从于职业共性"四项工作原则，以提高中国北车技术工人队伍整体素质为目的，以主要和关键技术职业为重点，依据《国家职业标准》对知识、技能的各项要求，力求通过自主开发、借鉴吸收、创新发展，进一步推动企业职业技能鉴定教材建设，确保职业技能鉴定工作更好地满足企业发展对高技能人才队伍建设工作的迫切需要。

　　本《丛书》修订、开发中，认真总结和梳理了过去 12 年企业鉴定工作的经验以及对鉴定工作规律的认识，本着"紧密结合企业工作实际，完整贯彻落实《国家职业标准》，切实提高职业技能鉴定工作质量"的基本理念，在技能操作考核方面提出了"核心技能要素"和"完整落实《国家职业标准》"两个概念，并探索、开发出了中国北车《职业技能鉴定技能操作考核框架》；对于暂无《国家职业标准》、又无相关行业职业标准的 40 个职业，按照国家有关《技术规程》开发了《中国北车职业标准》。经 2014 年技师、高级技师技能鉴定实作考试中 27 个职业的试用表明：该《框架》既完整反映了《国家职业标准》对理论和技能两方面的要求，又适应了企业生产和技术工人队伍建设的需要，突破了以往技能鉴定实作考核中试卷的难度与完整性评估的"瓶颈"，统一了不同产品、不同技术含量企业的鉴定标准，提高了鉴定考核的技术含量，保证了职业技能鉴定的公平性，提高了职业技能鉴定工作质量和管理水平,将成为职业技能鉴定工作、进而成为生产操作者技能素质评价的新标尺。

本《丛书》共涉及 98 个职业(工种),覆盖了中国北车开展职业技能鉴定的所有职业(工种)。《丛书》中每一职业(工种)又分为初、中、高 3 个技能等级,并按职业技能鉴定理论、技能考试的内容和形式编写。其中:理论知识部分包括知识要求练习题与答案;技能操作部分包括《技能考核框架》和《样题与分析》。本《丛书》按职业(工种)分册,并计划第一批出版 74 个职业(工种)。

本《丛书》在修订、开发中,仍侧重于相关理论知识和技能要求的应知应会,若要更全面、系统地掌握《国家职业标准》规定的理论与技能要求,还可参考其他相关教材。

本《丛书》在修订、开发中得到了所属企业各级领导、技术专家、技能专家和培训、鉴定工作人员的大力支持;人力资源和社会保障部职业能力建设司和职业技能鉴定中心、中国铁道出版社等有关部门也给予了热情关怀和帮助,我们在此一并表示衷心感谢。

本《丛书》之《数控车工》由长春轨道客车股份有限公司《数控车工》项目组编写。主编王立东,副主编韩树涛;主审王中明,副主审朱艺海;参编人员赵晓丹、马娜、刘艳霞、赵玉东、张雪峰、鲍洪阳、李志伟、张雪梅。

由于时间及水平所限,本《丛书》难免有错、漏之处,敬请读者批评指正。

中国北车职业技能鉴定教材修订、开发编审委员会

二〇一四年十二月二十二日

目　　录

数控车工(职业道德)习题

一、填空题

1. 职业道德规范要求职工必须(　　)，具有高度的责任心。

2. (　　)是一定社会中人们调整相互间利益关系的思想意识和行为准则。

3. (　　)就是从事一定职业的人们在其特定的职业活动中所形成的处理人和人、人和社会之间利益关系的特殊行为规范。

4. 职业道德是(　　)的一个重要组成部分。

5. (　　)是人民铁路职业道德的基本原则。

6. 我国劳动保护三结合管理体制由国家监察、行政管理、(　　)三个方面结合起来组成。

7. 职业道德不仅是从业人员在职业活动中的行为要求，而且是本行业对社会所承担的(　　)和义务。

8. 爱岗敬业是社会主义职业道德的(　　)。

9. (　　)、文明生产，这是对产业工人职业道德的要求。

10. 社会主义职业道德的基本原则是(　　)，其核心是为人民服务。

11. 从业者的职业态度是既为(　　)，也为别人。

12. 道德是靠舆论和内心信念来发挥和(　　)作用的。

13. 要热情待客，不要泄露(　　)秘密。

14. (　　)、财经纪律和群众纪律是职业纪律的三个主要方面。

15. (　　)与职业活动的法律、法规是职业活动能够正常进行的基本保证。

16. 职业道德是促使人们(　　)的思想基础。

17. (　　)、提高技能，这是企业员工应树立的勤业意识。

18. 在履行岗位职责时，应(　　)相结合。

19. 职业化也称"专业化"，是一种(　　)的工作态度。

20. 职业技能是指从业人员从事职业劳动和完成岗位工作应具有的(　　)。

21. 加强职业道德修养要端正(　　)。

22. 强化职业道德情感有赖于从业人员对道德行为的(　　)。

23. 敬业是一切职业道德基本规范的(　　)。

24. 诚信是企业形成持久竞争力的(　　)。

25. 公道是员工和谐相处、实现(　　)的保证。

26. 遵守职业纪律是企业员工的(　　)。

27. 节约是从业人员立足企业的(　　)。

28. 合作是企业生产经营顺利实施的(　　)。

29. 奉献是一种(　　)的职业道德。

30. 社会主义道德建设以社会公德、（　　　　）、家庭美德为着力点。

二、单项选择题

1. 职业道德是指在一定职业活动中，遵守一定（　　　　），调整一定职业关系的手段。
（A）职业规范　　　　（B）行为准则　　　　（C）职业观念　　　　（D）职业技能

2. 职业道德是一个人从业应有的（　　　　），也是事业有成的基本保证。
（A）职业习惯　　　　（B）工作态度　　　　（C）文化素质　　　　（D）行为规范

3. 职业道德可以促进（　　　　），可以帮助企业进步，也可以给每一位忠诚地服务企业的员工带来利益和幸福。
（A）经济发展　　　　（B）企业发展　　　　（C）个人发展　　　　（D）集体发展

4. 职业道德素质的提高，一方面靠社会的培养和组织的教育；另一方面取决于自己的主观努力和（　　　　）。
（A）道德修养　　　　（B）创新能力　　　　（C）个人意识　　　　（D）自我修养

5. 要做到遵纪守法，对每个员工来说，必须做到（　　　　）。
（A）有法可依　　　　　　　　　　　　（B）反对"管"、"卡"、"压"
（C）反对自由主义　　　　　　　　　　（D）努力学法、知法、守法、用法

6. 爱岗敬业就是对从业人员（　　　　）的首要要求。
（A）工作态度　　　　（B）工作精神　　　　（C）工作能力　　　　（D）以上均可

7. 下列违反安全操作规程的是（　　　　）。
（A）执行国家劳动保护政策　　　　　　（B）可使用不熟悉的机床和工具
（C）遵守安全操作规程　　　　　　　　（D）执行国家安全生产的法令、规定

8. 职业道德的内容不包括（　　　　）。
（A）职业道德意识　　　　　　　　　　（B）职业道德行为规范
（C）从业者享有的权利　　　　　　　　（D）职业守则

9. 职业道德活动中，对客人做到（　　　　）是符合语言规范具体要求的。
（A）言语细致，反复介绍　　　　　　　（B）语速要快，不浪费客人时间
（C）用尊称，不用忌语　　　　　　　　（D）语气严肃，维护自尊

10. 在工作中要处理好同事之间的关系，正确的做法是（　　　　）。
（A）多了解他人的私人生活，才能关心和帮助同事
（B）对于难以相处的同事，尽量予以回避
（C）对于有缺点的同事，要敢于提出批评
（D）对故意诽谤自己的人，要"以其人之道还治其人之身"

11. 社会主义职业道德以（　　　　）为基本行为准则。
（A）爱岗敬业　　　　　　　　　　　　（B）诚实守信
（C）人人为我，我为人人　　　　　　　（D）社会主义荣辱观

12. 《公民道德建设实施纲要》中，党中央提出了所有从业人员都应该遵循的职业道德"五个要求"是：爱岗敬业、（　　　　）、公事公办、服务群众、奉献社会。
（A）爱国为民　　　　（B）自强不息　　　　（C）修身为本　　　　（D）诚实守信

13. 职业化管理在文化上的体现是重视标准化和（　　　　）。

(A)程序化   (B)规范化   (C)专业化   (D)现代化

14. 职业技能包括职业知识、职业技术和( )。

(A)职业语言   (B)职业动作   (C)职业能力   (D)职业思想

15. 职业道德对职业技能的提高具有( )作用。

(A)促进   (B)统领   (C)支撑   (D)保障

16. 市场经济环境下的职业道德应该讲法律、讲诚信、( )、讲公平。

(A)讲良心   (B)讲效率   (C)讲人情   (D)讲专业

17. 敬业精神是个体以明确的目标选择、忘我投入的志趣、认真负责的态度,从事职业活动时表现出的( )。

(A)精神状态   (B)人格魅力   (C)个人品质   (D)崇高品质

18. 从领域上看,职业纪律包括劳动纪律、财经纪律和( )。

(A)行为规范   (B)工作纪律   (C)公共纪律   (D)保密纪律

19. 从层面上看,纪律的内涵在宏观上包括( )。

(A)行业规定、规范   (B)企业制度、要求

(C)企业守则、规程   (D)国家法律、法规

20. 下列不属于节约行为的是( )。

(A)爱护公物   (B)节约资源   (C)公私分明   (D)艰苦奋斗

21. 奉献精神要求做到尽职尽责和( )。

(A)爱护公物   (B)节约资源   (C)艰苦奋斗   (D)尊重集体

22. 机关、( )是对公民进行道德教育的重要场所。

(A)家庭   (B)企事业单位   (C)学校   (D)社会

23. 职业道德涵盖了从业人员与服务对象、职业与职工、( )之间的关系。

(A)人与人   (B)人与社会   (C)职业与职业   (D)人与自然

24. 对待工作岗位,正确的观点是( )。

(A)虽然自己并不喜爱目前的岗位,但不能不专心努力

(B)敬业就是不能得陇望蜀,不能选择其他岗位

(C)树挪死,人挪活,要通过岗位变化把本职工作做好

(D)企业遇到困难或降低薪水时,没有必要再讲爱岗敬业

25. 坚持( ),创造一个清洁、文明、适宜的工作环境,塑造良好的企业形象。

(A)文明生产   (B)清洁生产   (C)生产效率   (D)生产质量

三、多项选择题

1. 爱岗敬业的具体要求是( )。

(A)树立职业理想   (B)强化职业责任

(C)提高职业技能   (D)抓住择业机遇

2. 在企业生产经营活动中,员工之间团结互助的要求包括( )。

(A)讲究合作,避免竞争   (B)平等交流,平等对话

(C)既合作,又竞争,竞争与合作相统一   (D)互相学习,共同提高

3. 关于诚实守信的说法,正确的是( )。

(A)诚实守信是市场经济法则

(B)诚实守信是企业的无形资产

(C)诚实守信是为人之本

(D)奉行诚实守信的原则在市场经济中必定难以立足

4. 创新对企事业和个人发展的作用表现在(　　)。

(A)是企事业持续、健康发展的巨大动力

(B)是企事业竞争取胜的重要手段

(C)是个人事业获得成功的关键因素

(D)是个人提高自身职业道德水平的重要条件

5. 职业纪律具有的特点是(　　)。

(A)明确的规定性　　　　　　　　(B)一定的强制性

(C)一定的弹性　　　　　　　　　(D)一定的自我约束

6. 无论你从事的工作有多么特殊,它总是离不开一定的(　　)的约束。

(A)岗位责任　　　(B)家庭美德　　　(C)规章制度　　　(D)职业道德

7. 关于勤劳节俭的正确说法是(　　)。

(A)消费可以拉动需求,促进经济发展,因此提倡节俭是不合时宜的

(B)勤劳节俭是物质匮乏时代的产物,不符合现代企业精神

(C)勤劳可以提高效率,节俭可以降低成本

(D)勤劳节俭有利于可持续发展

8. 职业道德主要通过(　　)的关系,增强企业的凝聚力。

(A)协调企业职工间　　　　　　　(B)调节领导与企业

(C)协调职工与企业　　　　　　　(D)调节企业与市场

9. 职业个体形象和企业整体形象的关系是(　　)。

(A)企业的整体形象是由职工的个体形象组成的

(B)个体形象是整体形象的一部分

(C)没有职工个体形象就没有整体形象

(D)整体形象要靠个体形象来维护

10. 在职业活动中,下列说法正确的是(　　)。

(A)爱岗敬业是现代企业精神

(B)现代社会提倡人才流动,爱岗敬业正逐步丧失它的价值

(C)爱岗敬业要树立终生学习观念

(D)发扬螺丝钉精神是爱岗敬业的重要表现

11. 维护企业信誉必须做到(　　)。

(A)树立产品质量意识　　　　　　(B)重视服务质量,树立服务意识

(C)保守企业一切秘密　　　　　　(D)妥善处理顾客对企业的投诉

12. 职业道德的价值在于(　　)。

(A)有利于企业提高产品和服务的质量

(B)可以降低成本,提高劳动生产率和经济效益

(C)有利于协调职工之间及职工与领导之间的关系

(D)有利于企业树立良好形象,创造著名品牌

13. 对从业人员来说,下列要素属于最基本的职业道德要素的是(　　　)。

(A)职业理想　　　　(B)职业良心　　　　(C)职业作风　　　　(D)职业守则

14. 职业道德的具体功能包括(　　　)。

(A)导向功能　　　　(B)规范功能　　　　(C)整合功能　　　　(D)激励功能

15. 下列既是职业道德的要求,又是社会公德的要求的是(　　　)。

(A)文明礼貌　　　　(B)勤俭节约　　　　(C)爱国为民　　　　(D)崇尚科学

16. 职业化行为规范要求遵守行业或组织的行为规范包括(　　　)。

(A)职业思想　　　　(B)职业文化　　　　(C)职业语言　　　　(D)职业动作

17. 职业技能的特点包括(　　　)。

(A)时代性　　　　(B)专业性　　　　(C)层次性　　　　(D)综合性

18. 加强职业道德修养有利于(　　　)。

(A)职业情感的强化　　　　　　　　　(B)职业生涯的拓展

(C)职业境界的提高　　　　　　　　　(D)个人成才成长

19. 敬业的特征包括(　　　)。

(A)主动　　　　(B)务实　　　　(C)持久　　　　(D)乐观

20. 诚信的本质内涵是(　　　)。

(A)智慧　　　　(B)真实　　　　(C)守诺　　　　(D)信任

21. 平等待人应树立的观念是(　　　)。

(A)市场面前顾客平等的观念　　　　　(B)按贡献取酬的平等观念

(C)按资排辈的固有观念　　　　　　　(D)按德才谋取职业的平等观念

22. 一个优秀的团队应该具备的合作品质包括(　　　)。

(A)成员对团队强烈的归属感　　　　　(B)合作使成员相互信任,实现互利共赢

(C)团队具有强大的凝聚力　　　　　　(D)合作有助于个人职业理想的实现

23. 求同存异要求做到(　　　)。

(A)换位思考,理解他人　　　　　　　(B)胸怀宽广,学会宽容

(C)端正态度,纠正思想　　　　　　　(D)和谐相处,密切配合

24. 下列行为违反相关法律、法规的是(　　　)。

(A)伪造证件　　　　　　　　　　　　(B)民间高利贷

(C)出售盗版音像制品　　　　　　　　(D)贩卖毒品

25. 坚守工作岗位要做到(　　　)。

(A)遵守规定　　　　(B)坐视不理　　　　(C)履行职责　　　　(D)临危不退

四、判 断 题

1. 公道是确认员工薪酬的一项指标。(　　　)

2. 职业纪律与员工个人事业成功没有必然联系。(　　　)

3. 节约是从业人员事业成功的法宝。(　　　)

4. 艰苦奋斗是节约的一项要求。(　　　)

5. 合作是打造优秀团队的有效途径。(　　　)

6. 职业道德是企业文化的重要组成部分。（　　）

7. 职业活动内在的职业准则是忠诚、审慎、勤勉。（　　）

8. 职业化的核心层是职业化行为规范。（　　）

9. 职业化是新型劳动观的核心内容。（　　）

10. 职业技能是企业开展生产经营活动的前提和保证。（　　）

11. 文明礼让是做人的起码要求，也是个人道德修养境界和社会道德风貌的表现。（　　）

12. 敬业会失去工作和生活的乐趣。（　　）

13. 讲求信用包括择业信用和岗位责任信用，不包括离职信用。（　　）

14. 奉献可以是本职工作之内的，也可以是职责以外的。（　　）

15. 社会主义道德建设以为人民服务为核心。（　　）

16. 集体主义是社会主义道德建设的原则。（　　）

17. 中国北车的愿景是成为轨道交通装备行业世界级企业。（　　）

18. 适当的赌博会使员工的业余生活丰富多彩。（　　）

19. 忠于职守就是忠诚地对待自己的职业岗位。（　　）

20. 爱岗敬业是奉献精神的一种体现。（　　）

21. 严于律己，宽以待人，是中华民族的传统美德。（　　）

22. 工作应认真钻研业务知识，解决遇到的难题。（　　）

23. 数控车工思想素质的提高与多接触网络文学有直接关系。（　　）

24. 工作中应谦虚谨慎，戒骄戒躁。（　　）

25. 安全第一，确保质量，兼顾效率。（　　）

26. 每个职工都有保守企业秘密的义务和责任。（　　）

27. "诚信为本、创新为魂、崇尚行动、勇于进取"是中国北车的核心价值观。（　　）

数控车工(职业道德)答案

一、填 空 题

1. 爱岗敬业　　2. 道德　　3. 职业道德　　4. 企业形象
5. "人民铁路为人民"　6. 群众监督　7. 道德责任　8. 基础和核心
9. 精工细做　10. 集体主义　11. 自己　12. 维持社会
13. 商业　14. 劳动纪律　15. 职业纪律　16. 遵守职业纪律
17. 钻研业务　18. 强制性与自觉性　19. 自律性　20. 业务素质
21. 职业态度　22. 直接体验　23. 基础　24. 无形资产
25. 团队目标　26. 重要标准　27. 品质　28. 内在要求
29. 最高层次　30. 职业道德

二、单项选择题

1. A　2. D　3. B　4. D　5. D　6. A　7. C　8. C　9. C
10. C　11. D　12. D　13. B　14. C　15. A　16. B　17. C　18. D
19. D　20. C　21. D　22. B　23. C　24. A　25. A

三、多项选择题

1. ABC　2. BCD　3. ABC　4. ABC　5. AB　6. ACD　7. CD
8. ABC　9. ABCD　10. ACD　11. ABD　12. ABCD　13. ABC　14. ABCD
15. ABCD　16. ACD　17. ABCD　18. BCD　19. ABC　20. BCD　21. ABD
22. AC　23. ABD　24. ABCD　25. ACD

四、判 断 题

1. √　2. ×　3. √　4. √　5. √　6. √　7. √　8. ×　9. √
10. √　11. √　12. ×　13. ×　14. √　15. √　16. √　17. √　18. ×
19. √　20. √　21. √　22. √　23. ×　24. √　25. √　26. √　27. √

数控车工(中级工)习题

一、填 空 题

1. 用数字化信号对机床的运动及其（　　　）进行控制的机床,称为数控机床。

2. 连续控制数控机床又称（　　　）数控机床。

3. 现代 CNC 机床是由软件程序、（　　　）、运算及控制装置、伺服驱动、机床本体、机电接口等几部分组成的。

4. 伺服系统的主要功能是接收来自数控系统的（　　　）。

5. 步进电动机每接收一个（　　　）就旋转一个角度。

6. 伺服电动机是伺服系统的关键部件,它的性能直接决定数控机床的运动和（　　　）。

7. 光栅属于光学元件,是一种高精度的（　　　）。

8. 闭环和半闭环伺服系统是用（　　　）和指令信号的比较结果来进行速度和位置控制的。

9. 由定子和转子组成的（　　　）是一种角位移检测元件。

10.（　　　）是一种直接式编码的测量件,它可以直接把被测转角或位移量转换成相应的代码。

11. 进给系统的驱动方式有（　　　）伺服进给和电气伺服进给两类。

12. 按反馈方式不同,加工中心的进给系统分闭环控制、（　　　）控制和开环控制三类。

13. 当进给系统不安装位置检测器时,该系统称为（　　　）控制系统。

14. 工件在夹具上进行加工时,其定位是由（　　　）来实现的。

15. 游标卡尺是利用游标原理对（　　　）相对移动分隔的距离进行读数的测量器具。

16. 游标卡尺、（　　　）和百分表都是最常用的长度测量器具。

17. 千分尺测量准确度高,按用途可分为外径千分尺、内径千分尺和（　　　）千分尺。

18. 千分尺类测量器具是利用（　　　）运动原理进行测量和读数的,测量的准确度高。

19. 外径千分尺测微螺杆的螺距为（　　　）mm,微分筒圆锥面上一圈的刻度是 50 格。

20. 百分表在测量工件时,量杆要与被测表面（　　　）,否则会产生较大的误差。

21. 数控机床最适合于多品种、（　　　）的生产,特别是新产品试制零件的加工。

22. 在对零件进行编程时,要根据零件图来确定工件坐标系和（　　　）。

23. 在满足工件精度、表面粗糙度和生产率等要求下,要尽量简化数学处理时（　　　）的工作量,简化编程工作。

24. 自动编程是利用电脑和专用软件,以（　　　）方式确定加工对象和加工条件,自动进行运算和生成指令。

25. 加工程序的组成随加工中心机型及（　　　）的不同而略有差异。

26. 数控车床的坐标系规定已标准化,按（　　　）直角坐标系确定。

27. 平行于机床主轴(传递切削动力)的刀具运动坐标轴为（　　　）。

28. 一般在数控加工中规定增大刀具和工件之间距离的方向为 Z 坐标轴的（　　）。

29. X 坐标轴为（　　）方向,它平行于工件的装夹面,垂直于 Z 坐标轴。

30. 实际编程时,坐标值的正号可省略,负号不可省且紧跟在字母（　　）。

31. 机床原点,它的位置是在机床各坐标轴的正向（　　）。

32. 工件坐标系是编程人员在（　　）使用的坐标系,是程序的参考坐标系。

33. 工作原点的（　　）需预先存储在数控系统的存储器中,加工时便能自动加到工作坐标系中。

34. 加工程序可分为主程序和（　　）。

35. 一个主程序按需要可以有（　　）子程序,并可重复调用。

36. 程序中每一行称为一个程序段,N10、G90 及 X0 都是（　　）。

37. 程序段格式如果不符合规定,数控系统就会（　　）。

38. 准备功能(G 功能)由准备功能地址符 G 和（　　）组成。

39. 坐标字由坐标地址符及数字组成,且按一定的（　　）进行排列。

40. 主轴转速功能由地址符 S 及数字组成,数字表示主轴（　　）或主轴线速度。

41. 辅助功能由辅助操作（　　）和两位数字组成。

42. G90 是绝对坐标指令,移动指令终点的坐标值都是以工作坐标系（　　）来计算的。

43. G91 指令按增量值方式设定,移动指令终点的坐标值都是以（　　）来计算的,并根据终点相对于始点的方向判断正负。

44. G00 指令只是快速定位到目标点,进给速度 F 对 G00 指令（　　）。

45. G01 指令是刀具从当前位置开始以给定的速度沿（　　）到目标点。

46. 机床原点是机床的每个移动轴（　　）的极限位置。

47. 00 组的 G 代码属于（　　）的 G 代码,只限定在被指定的程序段中有效。

48. M 指令是用来控制机床的各种辅助动作及（　　）的。

49. 如果在程序中指令了 G 代码表中没有列出的 G 代码,则（　　）。

50. M30 指令表示主程序结束,使程序返回到（　　）。

51. 刀具半径补偿值需要在加工或试运行（　　）设定在补偿存储器中。

52. 利用刀具半径补偿功能可以（　　）,避免繁琐的数学计算。

53. 在实际加工中,刀具的磨损是必然的,只需要修改半径补偿值,而不必修改（　　）。

54. 在加工中,将半径补偿值设定为（　　）的值,即可利用同一程序完成粗加工、半精加工和精加工。

55. 数控车床由机床主体、数控系统及（　　）三大部分组成。

56. 数控机床经历了从电子管、晶体管、集成电路、计算机、微处理机控制到（　　）六代的演变。

57. 我国数控机床的研究、开发始于（　　）年。

58. 数控机床按其刀具与工件的相对运动轨迹可分为点位控制、直线控制和（　　）控制三大类。

59. 连续控制也称（　　）控制,能够对两个坐标或两个坐标以上的运动进行控制。

60. 用右手定则,大拇指方向为（　　）的正方向。

61. 当机床有几个主轴时,规定选取一个垂直于工件装夹平面的主轴为（　　）。

62. 转塔式刀台有（　　）和立式两种结构。

63. 有的转塔刀架不仅可以实现定位，还可以传递动力、进行铣削等工序，这种刀台称为（　　）刀台。

64. 数控车床编程时，可以采用绝对值编程方式、增量值编程方式和（　　）编程方式。

65. 用脉冲数编程时，坐标轴移动距离的计量单位是数控系统的（　　）。

66. 在坐标系中运动轨迹的终点坐标是以起点计量的坐标系，该坐标系叫（　　）坐标系。

67. 一个完整的液压系统是由能源部分、执行机构部分、（　　）和附件部分四部分组成的。

68. 设备润滑的"五定"是指定点、定质、（　　）、定期、定人。

69. CRT 显示执行程序的移动内容，而机床不动作，说明机床处于（　　）。

70. 机床工作不正常且发现机床参数变化不定，说明控制系统内部（　　）需要更换。

71. 数控机床的主轴在强力切削时丢转或停转的原因是电极与主轴连接的带（　　）或带表面有油。

72. CNC 系统的中断类型包括外部中断、内部定时中断、（　　）中断、程序性中断。

73. CNC 装置输入的形式有光电阅读和纸带输入、（　　）磁盘输入和上级计算机的 DNC 直接数控接口输入。

74. 数控机床的加工精度主要由（　　）的精度来决定。

75. 直线感应同步尺和长光栅是属于（　　）的位移测量元件。

76. 数控机床接口是指（　　）与机床及机床电气设备之间的电气连接部分。

77. 位置控制主要是对数控机床的进给运动（　　）进行控制。

78. 数控机床的定位精度是表明所测量的机床各运动部件在数控装置控制下（　　）所能达到的精度。

79. 如果机床上采用的是直流伺服电机和直流主轴电机，应对（　　）进行定期检查。

80. 对于直流主轴控制系统，主轴齿轮啮合不好会引起主轴电机（　　）。

81. 当有紧急状况时，按下（　　）钮可使机械动作停止，确保操作人员及机械的安全。

82. 数控车床主要用于轴类、套类和盘类等（　　）零件的加工。

83. 用数控车床加工，采用绝对值编程时，X 为（　　）。

84. 用相对值编程时，以刀具径向实际位移量的（　　）为编程值。

85. 车工件的端面有锥度或圆弧时，为使切削速度不受工件径向（　　）变化的影响，因而要用 G96 指令。

86. 主轴最高恒线速度控制指令可以使加工过程中任何一点的（　　）保持一样。

87. 参考点也是机床上一个固定的点，它使刀具退到一个（　　）的位置。

88. G01 指令是直线运动指令，用来指令刀具以 F 进给速度，在坐标系中以（　　）方式做直线切削。

89. 用圆弧半径 R 编程，只适用（　　）的圆弧插补。

90. （　　）是数控车床复合固定循环指令，用于必须多次重复加工的典型工序。

91. 英制螺纹的导程是非整数导程，因此必须用（　　）。

92. 在数控车床上加工螺纹时，应留有一定的（　　）距离。

93. 刀具补偿功能是用来补偿刀具实际安装位置与（　　）位置之差的一种功能。

94. 刀具补偿值可以通过手动输入方式,直接从(　　)上输入。

95. 零件的源程序是编程人员根据被加工零件的几何图形和工艺要求,用(　　)编写的计算机输入程序。

96. G00 是快速移动指令,它的移动速度在数控机床出厂前已由工厂(　　)。

97. 刀具半径补偿功能不仅可以简化刀具运动轨迹的计算,还可以提高零件的(　　)。

98. 刀具左偏值是刀具沿前进方向向左偏离一个刀具的(　　)。

99. 自动编程系统主要分为语言输入式和(　　)式两类。

100. 数控切削中心主轴可以分度或做圆弧插补运动,刀库设有自驱刀具,因而能实现工件的(　　)。

101. 安全生产的方针是(　　)。

102. 最新的国家机械制图标准编号为(　　)。

103. 螺纹的牙顶线画(　　)。

104. 螺纹的牙底线用(　　)表示。

105. 剖视图分全剖视图、(　　)和局部剖视图。

106. 机件的图形按(　　)法绘制。

107. 基本尺寸相同的,相互结合的(　　)的公差带之间的关系叫配合。

108. 基准孔代号为(　　),基准轴代号为 h。

109. 当孔的尺寸大于轴的尺寸时,此差值为正,是(　　)。

110. 反映在零件的几何形状或相互位置上的误差称为形状误差或(　　),简称形位误差。

111. 轮廓算数平均偏差代号是(　　)。

112. 金属材料的硬度主要有(　　)、布氏硬度 HB、维氏硬度 HV、肖氏硬度 HS 等。

113. 机器在生产过程中改变生产对象的形状、(　　)等,使其成为成品或半成品的过程叫工艺过程。

114. 增大切削深度比增大(　　)更有利于提高生产率。

115. 加工余量可分为(　　)和双边余量。

116. 工件最多只能有(　　)自由度。

117. 若 6 个自由度都被限制称为(　　)。

118. 定位误差由(　　)误差和基准位移误差两部分组成。

119. 数控机床所用的手动操作一般有下述三种方式:JOG 连续进给方式、(　　)、摇电手轮进给方式。

120. 可跳步程序段的字符是(　　)。

121. 刀具可用两种方法移动到原点:(　　)和自动原点复归。

122. 按试运转按键后,"快速进给率"功能被"(　　)"功能取代。

123. 切削液的作用包括冷却、(　　)、防锈和清洗。

124. 数控机床就是采用了(　　)的机床。

125. 数控机床由主机、(　　)、驱动装置、辅助装置、编程机及其他一些附属装置组成。

126. 伺服装置是数控机床(　　)的驱动部件。

127. 数控机床按控制系统的特点分类可分为点位控制、直线控制和(　　)。

128. 数控机床按执行机构的特点可分为开环控制、闭环控制和(　　)。

129. 数控机床按数控装置类型可分为硬件式和(　　)。

130. 独立于(　　)的 PLC 称为独立型 PLC。

131. 在 PLC 与 CNC 上的交流信号用于直接控制(　　)执行器件。

132. 当同一个程序段中同时出现同一组 G 指令时,计算机只识别(　　)G 指令。

133. 圆弧插补如用半径编程时,角度大于180°半径 R 应取(　　)值。

134. 圆弧插补参数 I、J、K 是(　　)到圆心的矢量坐标。

135. G 代码分为模态代码和(　　)代码。

136. 辅助功能也叫(　　)功能,是控制机床或系统开关功能的一种命令。

137. 非模态 G 命令,只在写有该命令的程序段中才(　　)。

138. 主轴停止的命令是(　　)。

139. 图样中机件要素的线性尺寸与(　　)机件的相应要素的线性尺寸之比,叫比例。

140. 金属材料的机械性能是指金属材料在外力作用下所表现的(　　)能力。

141. 可以实现直线插补的 G 功能指令是(　　)。

142. 内装 PLC 从属于(　　)。

二、单项选择题

1. 金属材料切削性能的好坏一般是以(　　)钢作为基准。
(A)Q235-A　　　　　(B)调质　　　　　(C)正火　　　　　(D)45 号

2. 粗加工时采用的切削液,以下更合适的是(　　)。
(A)水　　　　　　　　　　　　　(B)低浓度乳化液
(C)高浓度乳化液　　　　　　　　(D)矿物油

3. (　　)不是造成数控系统不能接通电源的原因。
(A)RS232 接口损坏　　　　　　　(B)交流电源无输入或熔断丝烧损
(C)直流电压电路负载短路　　　　(D)电源输入单元烧损或开关接触不好

4. 一个尺寸链的环数至少有(　　)个。
(A)2　　　　　　　　(B)3　　　　　　　　(C)4　　　　　　　　(D)5

5. (　　)值是评定零件表面轮廓算术平均偏差的参数。
(A)R_a　　　　　　(B)R_y　　　　　　(C)R_y　　　　　　(D)R_z

6. 将钢加热到 Ar₃ 或 Arm 线以上 30 ℃～50 ℃,保温一段时间后在空气中冷却的热处理方法叫(　　)。
(A)退火　　　　　　(B)正火　　　　　　(C)时效　　　　　　(D)回火

7. 粘结磨损是(　　)刀具磨损的主要原因。
(A)碳素钢　　　　　(B)高速钢　　　　　(C)硬质合金　　　　(D)陶瓷

8. 在机床、工件一定的条件下,(　　)可解决振动造成的加工质量。
(A)提高转速　　　　　　　　　　(B)提高切削速度
(C)合理选择切削用量、刀具的几何参数　　(D)每种方法都可以

9. 垂直于螺纹轴线的视图中,表示牙底的细实线只画约(　　)圈。
(A)1/2　　　　　　　(B)3/4　　　　　　　(C)4/5　　　　　　　(D)3/5

10. 下列配合中,属于基孔制配合的是(　　　)。

(A)H8/D8　　　　　　　(B)F6/h5　　　　　　　(C)P6/h5　　　　　　　(D)p7/n7

11. 为了从零件上切下一层切屑,必须具备(　　　)。

(A)工件的主运动和刀具的进给运动　　　　(B)工件的移动和刀具的转动

(C)工件和刀具的合成运动　　　　　　　　(D)工件和刀具的成型运动

12. 为了减少由于存在间隙所产生的误差,百分表齿杆的升降范围(　　　)。

(A)不能太小　　　　(B)不能太大　　　　(C)应尽可能小　　　　(D)应尽可能大

13. 统一规定机床坐标轴和运动正负方向的目的是(　　　)。

(A)方便操作　　　　(B)简化程序　　　　(C)规范使用　　　　(D)统一机床设计

14. 在数控机床的组成中,其核心部分是(　　　)。

(A)输入装置　　　　　　　　　　　　　(B)运算控制装置

(C)伺服装置　　　　　　　　　　　　　(D)机电接口电路

15. 下列数控机床不属于连续控制数控机床的是(　　　)。

(A)数控车床　　　　(B)数控铣床　　　　(C)数控线切割机　　　　(D)数控钻床

16. 数控机床的信息输入方式,下列选项正确的是(　　　)。

(A)按键和 CRT 显示器　　　　　　　　(B)磁带、磁盘

(C)手摇脉冲发生器　　　　　　　　　　(D)以上均正确

17. 数控机床按数控装置的类型分为硬件式和(　　　)。

(A)伺服进给类　　　　(B)软件式　　　　(C)金属成型类　　　　(D)经济型

18. 数控机床按加工方式分类可分为(　　　)。

(A)直线进给类机床　　　　　　　　　　(B)金属成型类机床

(C)轮廓控制类机床　　　　　　　　　　(D)半闭环类机床

19. 数控机床是采用数字化信号对机床的(　　　)进行控制。

(A)运动　　　　　　　　　　　　　　　(B)加工过程

(C)运动和加工过程　　　　　　　　　　(D)无正确答案

20. 低挡数控机床最多联动轴数为(　　　)。

(A)2~3 轴　　　　(B)2~4 轴　　　　(C)5 轴以上　　　　(D)1 轴

21. 机床基准点就是给机床部件设定的(　　　)。

(A)机床坐标系的原点　　　　　　　　　(B)初始位置

(C)基准点　　　　　　　　　　　　　　(D)零位

22. 数控机床的进给系统由 NC 发出指令,通过伺服系统最终由(　　　)来完成坐标轴的移动。

(A)电磁阀　　　　(B)伺服电机　　　　(C)变压器　　　　(D)测量装置

23. 数控系统的管理部分包括:输入、I/O 处理、显示、(　　　)。

(A)译码　　　　(B)刀具补偿　　　　(C)位置控制　　　　(D)诊断

24. 检测元件在数控机床中的作用是检测位移和速度、发送(　　　)信号和构成闭环控制。

(A)反馈　　　　(B)数字　　　　(C)输出　　　　(D)电流

25. 主轴驱动系统控制机床(　　　)旋转运动。

(A)直线轴　　　　(B)主轴　　　　(C)切削进给　　　　(D)伺服电机

26. 数控机床主轴在长时间高速运转后(一般为2 h),元件温升( )。
(A)10% (B)15% (C)20% (D)25%

27. 主轴采用数字控制时,系统参数可用( )设定从而使调整操作更方便。
(A)数字 (B)电位器 (C)指令 (D)模拟信号

28. ( )是指材料在高温下能保存其硬度的性能。
(A)硬度 (B)高温硬度 (C)耐热性 (D)耐磨性

29. 碳素工具钢和合金工具钢用于制造中、低速( )刀具。
(A)手工 (B)成型 (C)螺纹 (D)高速

30. 下列伺服系统,精度最高的是( )。
(A)开环伺服系统 (B)闭环伺服系统
(C)半闭环伺服系统 (D)闭环、半闭环伺服系统

31. 直流伺服电动机主要适用于( )伺服系统中。
(A)开环、闭环 (B)开环、半闭环 (C)闭环、半闭环 (D)开环

32. 润滑剂的作用有润滑、冷却、( )、密封等。
(A)防锈 (B)磨合 (C)静压 (D)稳定

33. ( )是在钢中加入较多的钨、钼、铬、钒等合金元素,用于制造形状复杂的切削刀具。
(A)硬质合金 (B)高速钢 (C)合金工具钢 (D)碳素工具钢

34. 下列属于合金调质钢的是( )。
(A)20CrMnTi (B)Q345 (C)35CrMo (D)60Si2Mn

35. 45号钢的含碳量为( )%。
(A)0.004 5 (B)0.045 (C)0.45 (D)4.5

36. 圆度公差带是指( )。
(A)半径为公差值的两同心圆之间区域
(B)半径差为公差值的两同心圆之间区域
(C)在同一正截面上,半径为公差值的两同心圆之间区域
(D)在同一正截面上,半径差为公差值的两同心圆之间区域

37. 下列不属于形位公差代号的是( )。
(A)形位公差特征项目符号 (B)形位公差框格和指引线
(C)形位公差数值 (D)基本尺寸

38. 用百分表测量时,测量杆与工件表面应( )。
(A)垂直 (B)平行 (C)相切 (D)相交

39. 划线基准一般可用以下三种类型:以两个相互垂直的平面(或线)为基准;以一个平面和一条中心线为基准;以( )为基准。
(A)一条中心线 (B)两条中心线
(C)一条或两条中心线 (D)三条中心线

40. 偏心轴的结构特点是两轴线( )而不重合。
(A)垂直 (B)平行 (C)相交 (D)相切

41. 数控车床以( )轴线方向为Z轴方向,刀具远离工件的方向为Z轴的正方向。

(A)滑板   (B)床身   (C)光杠   (D)主轴

42. 关于表面粗糙度符号、代号在图样上的标注,下列说法错误的是(　　)。

(A)符号的尖端必须由材料内指向表面

(B)代号中数字的注写方向必须与尺寸数字方向一致

(C)同一图样上,每一表面一般只标注一次符号、代号

(D)表面粗糙度符号、代号在图样上一般注在可见轮廓线、尺寸线、引出线或它们的延长线上

43. 画零件图的方法步骤是:(1)选择比例和图幅;(2)布置图面,完成底稿;(3)检查底稿后,再描深图形;(4)(　　)。

(A)填写标题栏   (B)布置版面   (C)标注尺寸   (D)存档保存

44. (　　)相加之和等于90°。

(A)前角、切削角   (B)后角、切削角

(C)前角、后角、切削角   (D)前角、后角、刀尖角

45. 欠定位不能保证加工质量,往往会产生废品,因此是(　　)允许的。

(A)特殊情况下   (B)可以   (C)一般条件下   (D)绝对不

46. 夹紧力的(　　)应与支撑点相对,并尽量作用在工件刚性较好的部位,以减小工件变形。

(A)大小   (B)切点   (C)作用点   (D)方向

47. 工件原点设定的依据是:既要符合图样尺寸的标注(　　),又要便于编程。

(A)规则   (B)习惯   (C)特点   (D)清晰

48. 夹紧力的作用点应尽量落在主要(　　)面上,以保证夹紧稳定可靠。

(A)基准   (B)圆柱   (C)定位   (D)圆锥

49. 刀具材料的常温硬度应在(　　)以上。

(A)HRC60   (B)HRC50   (C)HRC40   (D)HRC35

50. 数控机床每天开机通电后首先应检查(　　)。

(A)液压系统   (B)润滑系统   (C)冷却系统   (D)传动系统

51. 表示主运动及进给运动大小的参数是(　　)。

(A)切削用量   (B)切削速度   (C)进给量   (D)切削深度

52. 下列有关游标卡尺的说法,不正确的是(　　)。

(A)游标卡尺应平放

(B)游标卡尺可用砂纸清理上面的锈迹

(C)游标卡尺不能用锤子进行修理

(D)游标卡尺使用完毕后应擦上油,放入盒中

53. 百分表的示值范围通常有0～3 mm、0～5 mm 和(　　)三种。

(A)0～8 mm   (B)0～12 mm   (C)0～10 mm   (D)0～15 mm

54. 扩孔的加工质量比钻孔高,常作为孔的(　　)。

(A)精加工   (B)半精加工

(C)粗加工   (D)半精加工和精加工

55. 单件生产和修配工作需要铰削少量非标准孔应使用(　　)铰刀。

(A)整体式圆柱　　(B)螺旋槽　　(C)圆锥式　　(D)可调节式

56. 套筒锁紧装置需要将套筒固定在某一位置时,可顺时针转动手柄,通过圆锥销带动拉紧螺杆旋转,使下夹紧套(　　)移动,从而将套筒夹紧。

(A)向前　　(B)向后　　(C)向上　　(D)向右

57. 增大装夹时的接触面积,可采用特制的软卡爪和(　　),这样可使夹紧力分布均匀,减小工件的变形。

(A)套筒　　(B)夹具　　(C)开缝套筒　　(D)定位销

58. 数控机床出现故障后,常规的处理方法是(　　)。

(A)维持现状、调查现象、分析原因、确定检查方法和步骤

(B)切断电源、调查现象、分析原因、确定检查方法和步骤

(C)机床复位、调查现象、分析原因、确定检查方法和步骤

(D)紧急报警、调查现象、分析原因、确定检查方法和步骤

59. 如果工件的(　　)及夹具中的定位元件精度很高,重复定位也可采用。

(A)定位基准　　(B)机床　　(C)测量基准　　(D)位置

60. 加工细长轴要使用中心架和跟刀架,以增加工件的(　　)刚性。

(A)工作　　(B)加工　　(C)回转　　(D)装夹

61. 参考点与机床原点的相对位置由 Z 向与 X 向的(　　)挡块来确定。

(A)测量　　(B)电动　　(C)液压　　(D)机械

62. 用恒线速度控制加工端面锥度、圆弧时,X 坐标值不断变化,当刀具逐渐移近工件旋转中心时,主轴转速会越来越高,工件可能从卡盘中飞出。为防止事故发生,(　　)限定主轴最高转速。

(A)一般　　(B)必须　　(C)可以　　(D)不一定

63. 测量高精度轴向尺寸的方法是将百分表平移到工件表面,通过比较即可(　　)地测出工件的尺寸误差。

(A)很好　　(B)随时　　(C)精确　　(D)较好

64. 为使用方便和减少积累误差,选用量块时应尽量选用(　　)的块数。

(A)很多　　(B)较多　　(C)5块以上　　(D)较少

65. 测量外圆锥体时,将工件的小端立在检验平板上,两量棒放在平板上紧靠工件,用千分尺测出两量棒之间的距离,通过(　　)即可间接测出工件小端直径。

(A)换算　　(B)测量　　(C)比较　　(D)调整

66. 当剖切平面通过由回转面形成的孔或凹坑的轴线时,这些结构应按(　　)绘制。

(A)视图　　(B)剖视图　　(C)剖面图　　(D)局部放大图

67. 在基准制的选择中应优先选用(　　)。

(A)基孔制　　(B)基轴制　　(C)混合制　　(D)配合制

68. 数控车床进给系统减少摩擦阻力和动静摩擦之差,是为了提高数控机床进给系统的(　　)。

(A)传动精度　　(B)运动精度和刚度

(C)快速响应性能和运动精度　　(D)传动精度和刚度

69. 无论零件的轮廓曲线多么复杂,都可以用若干直线段或圆弧段去逼近,但必须满足允

许的(　　)。

(A)编程误差　　　　(B)编程指令　　　　(C)编程语言　　　　(D)编程路线

70. 程序段前面加"/"符号表示(　　)。

(A)不执行　　　　(B)停止　　　　(C)跳跃　　　　(D)单程序

71. 下列指令属于极坐标直线插补的G功能指令的是(　　)。

(A)G11　　　　(B)G01　　　　(C)G00　　　　(D)G10

72. 下列指令属于非模态的G功能指令的是(　　)。

(A)G03　　　　(B)G04　　　　(C)G17　　　　(D)G40

73. 下列说法正确的是(　　)。

(A)执行M01指令后,所有存在的模态信息保持不变

(B)执行M01指令后,所有存在的模态信息可能发生变化

(C)执行M01指令后,以前存在的模态信息必须重新定义

(D)执行M01指令后,所有存在的模态信息肯定发生变化

74. 与程序段号的作用无关的是(　　)。

(A)人工查找　　　　　　　　(B)程序检索

(C)加工步骤标记　　　　　　(D)宏程序无条件调用

75. 在一个程序段中同时出现同一组的若干个G指令时,(　　)。

(A)计算机只识别第一个G指令　　　　(B)计算机只识别最后一个G指令

(C)计算机无法识别　　　　　　　　(D)计算机仍然可以自动识别

76. 用圆弧半径编程时,半径的取值与(　　)有关。

(A)角度和方向　　　　　　　(B)角度、方向和半径

(C)方向和半径　　　　　　　(D)角度和半径

77. 可用作直线插补的准备功能代码是(　　)。

(A)G01　　　　(B)G03　　　　(C)G02　　　　(D)G04

78. 辅助功能M00的作用是(　　)。

(A)有条件停止　　　　(B)无条件停止　　　　(C)程序结束　　　　(D)单程序段

79. 在加工整圆时,可以通过(　　)插补方式进行编程加工。

(A)角度加半径　　　　　　　(B)极坐标圆弧插补

(C)插补参数I、J、K　　　　　(D)前面几种均可

80. 在(　　)情况下加工编程必须使用G03指令。

(A)直线插补　　　　(B)圆弧插补　　　　(C)极坐标插补　　　　(D)逆时针圆弧插补

81. 编程时使用刀具补偿的优点,下列说法不准确的是(　　)。

(A)计算方便　　　　　　　　(B)编制程序简单

(C)便于修正尺寸　　　　　　(D)便于测量

82. G32代码是螺纹(　　)功能,它是FANUC6T数控车床系统的基本功能。

(A)循环　　　　(B)切削　　　　(C)使用　　　　(D)对刀

83. 在完成编有M00代码的程序段中的其他指令后,主轴停止、进给停止、(　　)关断、程序停止。

(A)刀具　　　　(B)面板　　　　(C)切削液　　　　(D)G功能

84. 当主轴需要改变旋转（　　）时,要用 M05 代码先停止主轴旋转,然后再规定 M03 或 M04 代码。

(A)速度　　　　　　(B)角度　　　　　　(C)方向　　　　　　(D)启停

85. 为便于编程,需建立一个工件坐标系。工件坐标系可由（　　）指令设定。

(A)G50　　　　　　(B)G92　　　　　　(C)G98　　　　　　(D)G54

86. 逐步比较插补法的四拍工作顺序为（　　）。

(A)偏差判别、进给控制、新偏差计算、终点判别

(B)进给控制、偏差判别、新偏差计算、终点判别

(C)终点判别、新偏差计算、偏差判别、进给控制

(D)终点判别、偏差判别、进给控制、新偏差计算

87. 具有刀具半径补偿功能的数控车床在编程时,不用计算刀尖半径中心轨迹,只要按工件（　　）轮廓尺寸编程即可。

(A)理论　　　　　　(B)实际　　　　　　(C)模拟　　　　　　(D)外形

88. 沿刀具进给方向看,刀具位于工件轮廓线左侧时的刀具半径补偿称为刀具半径（　　）功能。

(A)右补偿　　　　　(B)左补偿　　　　　(C)基本补偿　　　　(D)偏置补偿

89. 自动编程软件是专用的（　　）软件,只有在计算机内配备这种软件,才能进行自动编程。

(A)系统　　　　　　(B)图形　　　　　　(C)数控　　　　　　(D)应用

90. 不同机型的机床操作面板和外形结构（　　）。

(A)是相同的　　　　(B)完全不同　　　　(C)有所不同　　　　(D)无正确答案

91. 利用机床位置功能检查工件的尺寸时,在编程中应设定（　　）。

(A)T0102　　　　　(B)M00　　　　　　(C)G00　　　　　　(D)M02

92. 在编制好数控程序进行实际切削加工时,必须测出各个刀具的相关尺寸及实际（　　）位置。即确定各刀具的刀尖相对于机床上某一固定点的距离,从而对刀具的补偿参数进行相应的设定。

(A)相互　　　　　　(B)终点　　　　　　(C)坐标　　　　　　(D)安装

93. 程序段"N0025　G90 X60.0 Z−35.0 R−5.0 F3.0"中,R 为工件被加工锥面大小端半径差,其值为 5 mm,方向为（　　）。

(A)负　　　　　　　(B)正　　　　　　　(C)向后　　　　　　(D)向前

94. 输入程序操作步骤:(1)选择 EDIT 方式;(2)按 PRGRM 键;(3)输入地址 0 和四位数程序号,按（　　）键将其存入存储器,并以此方式将程序内容依次输入。

(A)INPUT　　　　　(B)OUTPUT　　　　(C)INSRT　　　　　(D)RESET

95. 建立补偿和撤销补偿不能是圆弧指令程序段,一定要用 G00 或（　　）指令进行建立或撤销。

(A)G07　　　　　　(B)G30　　　　　　(C)G04　　　　　　(D)G01

96. 螺纹加工循环指令中 I 为锥螺纹始点与终点的半径（　　）,I 值正负判断方法与 G90 指令中 R 值的判断方法相同。

(A)和　　　　　　　(B)差　　　　　　　(C)积　　　　　　　(D)平方

97. 刀具补偿号可以是 00～32 中的任意一个数,刀具补偿号为( )时,表示取消刀具补偿。

(A)01 (B)10 (C)32 (D)00

98. 单一固定循环是将一个固定循环,例如切入→切削→退刀→返回四个程序段用( )指令简化为一个程序段。

(A)G90 (B)G54 (C)G30 (D)G80

99. 数控车床几何精度检查时首先应该进行( )。

(A)连续空运行试验 (B)安装水平的检查与调整

(C)数控系统功能试验 (D)检查液压系统是否正常

100. 当用绝对编程 G00 指令时,X、Z 后面的数值是( )位置在工件坐标系的坐标值。

(A)测量 (B)目标 (C)参考 (D)起点

101. 刀具从何处切入工件、经过何处、又从何处( )等加工路径必须在程序编制前确定好。

(A)变速 (B)进给 (C)变向 (D)退刀

102. 混合编程的程序段是( )。

(A)G0 X100 Z200 F300 (B)G01 X—10 Z—20 F30

(C)G02 U—10 W—5 R30 (D)G03 X5 W—10 R30

103. 数控机床主轴以转速 800 r/min 正转时,其指令应是( )。

(A)M03 S800 (B)M04 S800 (C)M05 S800 (D)M02 S800

104. 程序中指定了( )时,刀具半径补偿被撤销。

(A)G42 (B)G41 (C)G40 (D)G43

105. 编制数控加工中心加工程序时,为了提高加工精度,一般采用( )。

(A)精密专用夹具 (B)流水线作业法

(C)工序分散加工法 (D)一次装夹,多工序集中

106. 数控机床有不同的运动形式,需要考虑工件与刀具相对运动关系及坐标方向,编写程序时,采用( )的原则。

(A)刀具固定不动,工件移动

(B)工件固定不动,刀具移动铣削加工

(C)分析机床运动关系后再根据实际情况

(D)刀具固定不动,工件移动;车削加工刀具移动,工件不动

107. 相对编程是指( )。

(A)相对于加工起点位置进行编程 (B)相对于下一点的位置编程

(C)相对于当前位置进行编程 (D)以方向正负进行编程

108. 子程序调用和子程序返回用( )指令实现。

(A)G98 G99 (B)M98 M99 (C)M98 M02 (D)M99 M98

109. 数控机床做空运行试验的目的是( )。

(A)检验加工精度 (B)检验功率

(C)检验程序是否能正常运行 (D)检验程序运行时间

110. 数控机床操作时,每启动一次只进给一个设定单位的控制称为( )。

(A)单步进给　　　　(B)点动进给　　　　(C)单段操作　　　　(D)手动

111. 下列机床不属于点位控制数控机床的是(　　)。

(A)数控钻床　　　(B)坐标镗床　　　(C)数控冲床　　　(D)数控车床

112. 在 CNC 系统中,插补功能通常采用(　　)。

(A)全部硬件实现　　　　　　　　(B)粗插补由软件实现,精插补由硬件实现

(C)粗插补由硬件实现,精插补由软件实现　　(D)无正确答案

113. 下列分类方式不属于数控机床分类方式的是(　　)。

(A)按运动方式分类　　　　　　　(B)按用途分类

(C)按坐标轴分类　　　　　　　　(D)按主轴在空间的位置分类

114. 下列方法不属于加工轨迹的插补方法的是(　　)。

(A)逐点比较法　　　　　　　　　(B)时间分割法

(C)样条计算法　　　　　　　　　(D)等误差直线逼近法

115. 数控机床的准停功能主要用于(　　)。

(A)换刀　　　　　(B)退刀　　　　　(C)加工中　　　　　(D)换刀和让刀

116. 在使用 CNC 操作面板向 CNC 输入程序过程中,若在写某个程序段时必须在这个程序段内插入某个字符,需使用(　　)键。

(A)INS　　　　　(B)ENTER　　　　(C)SHIFT　　　　(D)CAPS

117. 当紧急停止后,下列说法不正确的是(　　)。

(A)油压系统停止　　　　　　　　(B)CRT 荧幕不显示

(C)轴向停止　　　　　　　　　　(D)刀塔停止

118. 数控机床是装备了(　　)的机床。

(A)程控装置　　　(B)继电器　　　(C)数控系统　　　(D)软件

119. 如需数控车床采用半径编程,则要改变系统中的相关参数,使(　　)处于半径编程状态。

(A)系统　　　　　(B)主轴　　　　　(C)滑板　　　　　(D)电机

120. G40 代码是取消刀尖半径补偿功能,它是数控系统(　　)后刀具起始状态。

(A)复位　　　　　(B)断电　　　　　(C)超程　　　　　(D)通电

121. 进给倍率选择开关在点动进给操作时,可以选择点动进给量0~1 260(　　)。

(A)mm/r　　　　　(B)mm/min　　　(C)r/min　　　　(D)m/min

122. 车床在自动循环工作中,按"进给保持"按钮,车床刀架运动暂停,"循环启动"灯灭,"进给(　　)"灯亮,"循环启动"按钮 可以解除保持,使车床继续工作。

(A)准备　　　　　(B)保持　　　　　(C)复位　　　　　(D)显示

123. 为了保证数控机床能满足不同的工艺要求,并能够获得最佳切削速度,主传动系统的要求是(　　)。

(A)无级调速　　　　　　　　　　(B)变速范围宽

(C)分段无级变速　　　　　　　　(D)变速范围宽且能无级变速

124. 在金属切削机床加工中,下述运动中(　　)是主运动。

(A)铣削时工件的移动　　　　　　(B)钻削时转头直线运动

(C)磨削时砂轮的旋转运动　　　　(D)牛头刨床工作台的水平移动

125. 零件进行深孔加工应采用( )方式进行。

(A)工件旋转 (B)刀具旋转

(C)任意 (D)工件刀具同时旋转

126. 刀尖半径左补偿方向的规定是( )。

(A)沿刀具运动方向看,工件位于刀具左侧

(B)沿工件运动方向看,工件位于刀具左侧

(C)沿工件运动方向看,刀具位于工件左侧

(D)沿刀具运动方向看,刀具位于工件左侧

127. 机械制造中常用的优先配合的基准孔是( )。

(A)H7 (B)H2 (C)D2 (D)D7

128. 在切断、加工深孔或用高速钢刀具加工时,宜选择( )的进给速度。

(A)较高 (B)较低

(C)数控系统设定的最低 (D)数控系统设定的最高

129. 深孔加工的切削液可用极压切削液或高浓度极压乳化液,当油孔很小时应选用黏度( )的切削液。

(A)大 (B)小 (C)中性 (D)不变

130. 数控车床加工钢件时希望的切屑是( )。

(A)带状切屑 (B)挤裂切屑 (C)单元切屑 (D)崩碎切屑

131. 图样上一般的退刀槽,其尺寸的标注形式按( )标注。

(A)槽宽×直径或槽宽×槽深 (B)槽深×直径

(C)直径×槽宽 (D)直径×槽深

132. 零件加工攻螺纹时,孔的直径必须比螺纹( )稍大一点。

(A)底径 (B)顶径 (C)中径 (D)公称直径

133. 零件加工螺纹时,F指( )。

(A)螺距

(B)根据主轴转速和螺纹导程计算出的进给速度

(C)导程

(D)任意

134. 用符号"IT"表示( )的公差。

(A)尺寸精度 (B)形状精度

(C)位置精度 (D)表面粗糙度直角槽

135. 下列属于位置公差项目的是( )。

(A)圆柱度 (B)面轮廓度 (C)圆跳动 (D)圆度

136. 进行轮廓铣削时,应避免( )工件轮廓。

(A)切向切入 (B)圆弧切入 (C)法向退出 (D)切向退出

137. 传统加工中,从刀具的耐用度方面考虑,在选择粗加工切削用量时,首先应选择尽可能大的( )从而提高切削效率。

(A)背吃刀量 (B)进给速度 (C)切削速度 (D)主轴转速

138. 下列措施中,( )不能提高零件的表面质量。

(A)减小进给量　　(B)减小切削厚度
(C)降低切削速度　　(D)减小切削层宽度

139. 下列措施中,(　　)能提高零件的表面质量。
(A)增大进给量　　(B)加大切削厚度
(C)提高切削速度　　(D)增大切削层宽度

140. 下列不属于零件表面质量项目内容的是(　　)。
(A)表面粗糙度　　(B)表面冷作硬化
(C)表面残余应力　　(D)相互表面的形位公差

141. 积屑瘤对表面质量有影响,下列加工方式中容易产生积屑瘤的是(　　)。
(A)加工脆性材料时　　(B)转速在一定范围时
(C)转速很高时　　(D)转速很低时

142. 切削热主要是通过切屑和(　　)进行传导的。
(A)工件　　(B)刀具　　(C)周围介质　　(D)机床

143. 精加工时应首先考虑(　　)。
(A)零件的加工精度和表面质量　　(B)刀具的耐用度
(C)生产效率　　(D)机床的功率

144. 刀具磨钝标准通常按照(　　)的磨损值制定。
(A)前面　　(B)后面　　(C)前角　　(D)后角

145. 零件图(　　)的投影方向应能最明显地反映零件图的内外结构形状特征。
(A)俯视图　　(B)主视图　　(C)左视图　　(D)右视图

146. 用棒料毛坯加工余量较大且不均匀的盘类零件,应选用的复合循环指令是(　　)。
(A)G71　　(B)G72　　(C)G73　　(D)G76

147. 测量两平行非完整孔的中心距时,用内径百分表或杆式内径千分尺直接测出两孔间的(　　)距离,然后减去两孔实际半径之和,所得的差即为两孔的中心距。
(A)最大　　(B)最小　　(C)实际　　(D)长度

148. 减速器箱体加工过程分为平面加工和(　　)两个阶段。
(A)侧面和轴承孔　　(B)底面
(C)连接孔　　(D)定位孔

149. 为了防止刃口磨钝以及切屑嵌入刀具后面与孔壁间将孔壁拉伤,铰刀必须(　　)。
(A)慢慢铰削　　(B)迅速铰削　　(C)正转　　(D)反转

150. 数控车床切削用量的选择应根据机床性能、(　　)原理并结合实践经验来确定。
(A)数控　　(B)加工　　(C)刀具　　(D)切削

151. 偏心夹紧装置中偏心轴的转动中心与几何中心(　　)。
(A)垂直　　(B)不重合　　(C)平行　　(D)不平行

152. 逐点比较法直线插补中,当刀具切削点在(　　)上或其上方时,应向+X方向发一个脉冲,使刀具向+X方向移动一步。
(A)平面　　(B)圆弧　　(C)直线　　(D)曲面

153. 加工圆弧时,若当前刀具的切削点在圆弧上或其外侧时,应向-X方向发一个(　　),使刀具向圆弧内前进一步。

(A)脉冲 (B)传真 (C)指令 (D)信息

154. 当其他刀具转到加工位置时,刀尖的位置就会有所偏差,原来设定的工件坐标系对这些刀具将( )适用。

(A)一定 (B)基本 (C)不 (D)相对

155. 当对刀仪在数控车床上固定后,( )点相对于车床坐标系原点尺寸距离是固定不变的,该尺寸值由车床制造厂通过精确测量,预置在车床参数内。

(A)对刀 (B)参考 (C)基准 (D)设定

156. 将状态开关选到"回零"、"点动"、"单步"位置时,可实现刀架在某一方向的运动,( )两方向可实现。

(A)X、Z (B)X、Y (C)Y、Z (D)I、K

157. 在选择刀具过程中,转塔刀架正反转可以按最近转动( )自动选择。

(A)角度 (B)方式 (C)距离 (D)法则

158. 切削时切削刃会受到很大的压力和冲击力,因此刀具必须具备足够的( )。

(A)硬度 (B)强度和韧性 (C)工艺性 (D)耐磨性

159. 箱体加工时一般都要用箱体上重要的孔作( )。

(A)工件的夹紧面 (B)精基准
(C)粗基准 (D)测量基准面

160. 粗加工时,选定了刀具和切削用量后,有时需要校验( ),以保证加工顺利进行。

(A)刀具的硬度是否足够 (B)机床功率是否足够
(C)刀具的刚度是否足够 (D)机床床身的刚度

161. 车床上,刀尖圆弧只有在加工( )时才产生加工误差。

(A)圆弧 (B)圆柱 (C)端面 (D)台阶轴

162. 数控系统所规定的最小设定单位就是( )。

(A)数控机床的运动精度 (B)机床的加工精度
(C)脉冲当量 (D)数控机床的传动精度

163. 数控机床加工依赖于各种( )。

(A)位置数据 (B)模拟量信息 (C)准备功能 (D)数字化信息

164. 在尺寸链中,封闭环的公差与任何一个组成环的公差的关系是( )。

(A)封闭环的公差与任何一个组成环的公差无关
(B)封闭环的公差比任何一个组成环的公差都大
(C)封闭环的公差比任何一个组成环的公差都小
(D)封闭环的公差等于其中一个组成环的公差

165. 绕X轴旋转的回转运动坐标轴是( )。

(A)A轴 (B)B轴 (C)C轴 (D)X轴

166. 在夹具中,用一个平面对工件进行定位,可限制工件的( )自由度。

(A)两个 (B)三个 (C)四个 (D)五个

167. 数控机床的标准坐标系是以( )来确定的。

(A)相对坐标系 (B)绝对坐标系
(C)右手直角笛卡尔坐标系 (D)工件坐标系

168. 对于公差的数值,下列说法正确的是(　　)。

(A)必须为正值　　　　　　　　　(B)必须大于零或等于零

(C)必须为负值　　　　　　　　　(D)可以为正、负、零

169. 短 V 形架对圆柱定位,可限制工件的(　　)自由度。

(A)两个　　　　　(B)三个　　　　　(C)四个　　　　　(D)五个

170. 数控机床加工调试中遇到问题想停机应先停止(　　)。

(A)冷却液　　　　(B)主运动　　　　(C)进给运动　　　　(D)辅助运动

171. 数控车床最适宜加工材料的类型是(　　)。

(A)锻件　　　　　(B)铸件　　　　　(C)焊接件　　　　　(D)冷柱型材

172. 在机械加工车间中直接改变毛坯的形状、尺寸和材料性能,使之变为成品的这个过程,是该车间的重要工作,我们称之为(　　)。

(A)生产过程　　　　(B)加工过程　　　　(C)工艺过程　　　　(D)工作过程

173. 数控车床外圆复合循环指令用于加工内孔时,(　　)的精加工余量应表示为负值。

(A)X 方向　　　　(B)Y 方向　　　　(C)Z 方向　　　　(D)以上均可

174. 孔 $\phi25$(上偏差+0.021、下偏差0)与轴 $\phi25$(上偏差-0.020、下偏差-0.033)相配合时,其最大间隙是(　　)。

(A)0.02　　　　　(B)0.033　　　　　(C)0.041　　　　　(D)0.054

175. 基本尺寸为 200,上偏差+0.27,下偏差+0.17,则在程序中应用(　　)尺寸编入。

(A)200.17　　　　(B)200.27　　　　(C)200.22　　　　(D)200

176. 若零件上每个表面均要加工,则应选择加工余量和公差(　　)的表面作为粗基准。

(A)最小

(B)最大

(C)符合公差范围

(D)超出理论尺寸

177. 高精度孔加工完成后退刀时应采用(　　)。

(A)不停主轴退刀

(B)主轴停后退刀

(C)让刀后退刀

(D)直接退刀

178. 孔系加工时,孔距精度与数控系统的固定循环功能(　　)。

(A)有关　　　　　(B)无关　　　　　(C)有点关系　　　　(D)以上都有可能

179. 卧式数控车床主轴轴线与往复工件台 Z 方向运动的平行度在垂直平面内的误差将使被加工工件的外圆形成(　　)。

(A)双曲线误差　　(B)锥度误差　　　(C)椭圆度误差　　　(D)抛物线误差

180. 在零件加工时,粗加工和精加工主要区别在于改变(　　)。

(A)切削速度　　　(B)进给量　　　　(C)切削深度　　　　(D)切削速度

181. 数控加工在轮廓拐角处产生"欠程"现象,应采用(　　)方法控制。

(A)提高进给速度

(B)修改坐标点

(C)减速

(D)暂停

182. 外圆形状简单、内孔形状复杂的工件,应选择(　　)作刀位基准。

(A)外圆

(B)内孔

(C)端面

(D)外圆、内孔均可以

183. 用高速钢车刀精车时,应选(　　)。

(A)较大的进给量 　　　　　　　　　(B)较高的转速

(C)较大的切削速度 　　　　　　　　(D)较低的转速

184. 高速切削螺纹时,螺距不均匀主要是(　　)。

(A)丝杠的轴向窜动 　　　　　　　　(B)主轴径向间隙过大

(C)挂轮有误差 　　　　　　　　　　(D)以上原因都可能

185. 产生加工硬化的主要原因是(　　)。

(A)前角太大 　　　　　　　　　　　(B)刀尖圆弧半径大

(C)工件材料硬 　　　　　　　　　　(D)刀刃不锋利

186. 车削(　　)材料时,车刀可选择较大前角。

(A)软、塑性 　　　(B)硬性 　　　(C)脆性 　　　(D)柔性

187. 开机前应按设备点检卡的(　　)检查车床各部位是否完整、正常,车床的安全防护装置是否牢固。

(A)规格 　　　(B)规定 　　　(C)型号 　　　(D)内容

188. 数控机床的温度应低于(　　)。

(A)30 ℃ 　　　(B)40 ℃ 　　　(C)50 ℃ 　　　(D)60 ℃

189. 若数控车床带有(　　)、夹簧,应确认其调整是否合适。

(A)附件 　　　(B)导套 　　　(C)花盘 　　　(D)角铁

三、多项选择题

1. 尺寸基准按尺寸基准性质可分为(　　)。

(A)加工基准 　　　(B)检测基准 　　　(C)设计基准 　　　(D)工艺基准

2. 加工余量按加工表面的形状不同可分为(　　)。

(A)单边余量 　　　(B)双边余量 　　　(C)三边余量 　　　(D)四周余量

3. 数控机床日常维护的内容是(　　)。

(A)机床电器柜的散热通风 　　　　　(B)长期搁置的机床每天空运行 1~2 h

(C)在通电情况下进行系统电池的更换 (D)保持机床所处的环境温度

4. 机床电器柜散热通风的目的是(　　)。

(A)空气循环通畅 　　　　　　　　　(B)发热元件的散热

(C)印刷板的清洁 　　　　　　　　　(D)保持温度恒定

5. 数控机床常见的故障按部件可分为(　　)。

(A)主机故障 　　　(B)电气故障 　　　(C)液压故障 　　　(D)CNC 故障

6. 数控机床常见的机械故障表现为(　　)。

(A)传动噪声大 　　　(B)加工精度差 　　　(C)运行阻力大 　　　(D)刀具选择错

7. 数控机床的电气故障分为强电故障和弱电故障,弱电故障主要指(　　)。

(A)CNC 装置 　　　(B)分配器 　　　(C)伺服单元 　　　(D)PLC 控制器

8. 对数控机床进行日常维护、保养的主要目的是(　　)。

(A)机床清洁 　　　　　　　　　　　(B)延长元器件的使用寿命

(C)延长机械部件的恶变换周期 　　　(D)保持长时间的稳定工作

9. 常见的因机械安装、调试及操作使用不当等原因引起的故障有(　　)。

(A)联轴器松动　　　　　　　　　　　　(B)机械传动故障

(C)导轨运动摩擦过大　　　　　　　　　(D)机床报警

10. 设备润滑的"三过滤"是指(　　　)。

(A)入库过滤　　　　(B)发放过滤　　　　(C)保养过滤　　　　(D)加油过滤

11. CNC 装置输入的形式有(　　　)。

(A)光电阅读　　　　　　　　　　　　　(B)纸带输入

(C)程序段磁盘输入　　　　　　　　　　(D)上级计算机的 DNC 直接数控接口输入

12. 以下关于数控机床电动机不转的原因诊断,正确的是(　　　)。

(A)电动机与位置检测器连接故障　　　　(B)电动机的永久磁体脱落

(C)伺服系统中制动装置失灵　　　　　　(D)电动机损坏

13. 现代 CNC 机床是由(　　　)、机床本体、机电接口等几部分组成。

(A)软件程序　　　　　　　　　　　　　(B)输入输出设备

(C)运算及控制装置　　　　　　　　　　(D)伺服驱动

14. 伺服电动机是伺服系统的关键部件,其性能直接决定数控机床的(　　　)。

(A)运动　　　　(B)定位精度　　　　(C)运转速度　　　　(D)工作效率

15. 在闭环和半闭环伺服系统中,是用反馈信号和指令信号的比较结果来进行(　　　)控制的。

(A)速度　　　　(B)指令　　　　(C)位置　　　　(D)信息

16. 按反馈方式不同,加工中心的进给系统分(　　　)三类。

(A)闭环控制　　　　(B)半闭环控制　　　　(C)开环控制　　　　(D)半开环控制

17. 数控机床经历了从(　　　)控制到数字控制六代的演变。

(A)电子管　　　　　　　　　　　　　　(B)晶体管

(C)集成电路　　　　　　　　　　　　　(D)计算机、微处理机

18. 数控机床按其刀具与工件的相对运动轨迹可分为(　　　)三大类。

(A)点位控制　　　　(B)直线控制　　　　(C)连续控制　　　　(D)间断控制

19. CNC 系统的中断类型包括(　　　)。

(A)外部中断　　　　　　　　　　　　　(B)内部定时中断

(C)硬件故障中断　　　　　　　　　　　(D)程序性中断

20. 数控车床主要用于(　　　)等回转体零件的加工。

(A)轴类　　　　(B)套类　　　　(C)柱类　　　　(D)盘类

21. 主轴误差包括(　　　)。

(A)径向跳动　　　　(B)轴向窜动　　　　(C)角度摆动　　　　(D)以上都不对

22. 公差配合中的尺寸有(　　　)。

(A)基本尺寸　　　　(B)实际尺寸　　　　(C)浮动尺寸　　　　(D)极限尺寸

23. 主轴准停装置常有(　　　)方式。

(A)机械　　　　(B)液压　　　　(C)电气　　　　(D)气压

24. 数控机床总的发展趋势是(　　　)。

(A)工序集中　　　　　　　　　　　　　(B)高速、高效、高精度

(C)加工复杂零件　　　　　　　　　　　(D)提高可靠性

25. 数控机床上用的刀具应满足(   )。

(A)安装调整方便　　　　　　　　(B)刚性好

(C)精度高　　　　　　　　　　　(D)耐用度好

26. 数控机床加工的零件精度高主要是因为(   )。

(A)装夹次数少　　　　　　　　　(B)采用滚珠丝杠传动副

(C)具有加工过程自动监控和误差补偿　(D)具有自动换刀装置

27. 数控加工工艺处理是指(   )。

(A)走刀路线　　　(B)机床选择　　　(C)切削用量　　　(D)装夹方式

28. 数控机床制定加工方案的一般原则是(   )。

(A)先粗后精　　　(B)先近后远　　　(C)程序段最少　　(D)先孔后面

29. 金属材料的力学性能是指金属材料在外力作用下所表现的抵抗能力,包括(   )等几个方面。

(A)刚度　　　　　(B)弹性与塑性　　(C)硬度　　　　　(D)强度

30. 根据工艺的不同,钢的热处理方法可分为(   )等五种。

(A)退火　　　　　(B)正火　　　　　(C)淬火　　　　　(D)回火及表面处理

31. 常用车刀的材料有(   )两大类。

(A)碳素钢　　　　(B)高速钢　　　　(C)不锈钢　　　　(D)硬质合金钢

32. 前角增大能使车刀(   )。

(A)刀口锋利　　　(B)切削省力　　　(C)排屑顺利　　　(D)加快磨损

33. 车削(   )材料时,车刀可选择较大的前角。

(A)软　　　　　　(B)硬　　　　　　(C)塑性　　　　　(D)脆性

34. 刀具切削部分包括(   )。

(A)前刀面　　　　(B)主后刀面　　　(C)副后刀面　　　(D)切削刃

35. 切屑的类型有(   )四种。

(A)带状切屑　　　(B)挤裂切屑　　　(C)粒状切屑　　　(D)崩碎切屑

36. 切削力可分解为(   ),其中主切削力消耗功率最多。

(A)主切削力　　　(B)切削抗力　　　(C)副切削力　　　(D)进给抗力

37. 在切削力特别是径向切削力的作用下,容易产生振动和变形,影响工件的(   )。

(A)光洁度　　　　(B)形位精度　　　(C)尺寸精度　　　(D)表面粗糙度

38. 夹具按夹紧的动力源可分为(   )。

(A)手动夹具　　　(B)气动夹具　　　(C)液压夹具　　　(D)真空夹具

39. 零件在(   )等工艺过程中使用的基准统称为工艺基准。

(A)组对　　　　　(B)加工　　　　　(C)测量　　　　　(D)装配

40. 一个完整的液压系统是由(   )四部分组成的。

(A)能源部分　　　　　　　　　　(B)执行机构部分

(C)控制部分　　　　　　　　　　(D)附件部分

41. 机件的三视图是(   )。

(A)侧视图　　　　(B)主视图　　　　(C)俯视图　　　　(D)左视图

42. 下列量具是基准量具的是(   )。

(A)量块　　　　　　(B)直角尺　　　　　　(C)线纹尺　　　　　(D)数字式千分尺

43．常用的 CNC 控制系统的插补算法可分为(　　)。

(A)脉冲增量插补　　　　　　　　　　(B)数字积分插补

(C)数据采样插补　　　　　　　　　　(D)逐点比较插补

44．常用的刀具材料有(　　)。

(A)碳素工具钢　　　(B)合金工具钢　　　(C)高速钢　　　　　(D)硬质合金钢

45．通常数控系统的插补方式有(　　)。

(A)直线　　　　　　(B)圆弧　　　　　　(C)正弦　　　　　　(D)曲线

46．进给运动根据刀具相对工件被加工表面运动方向的不同可分为(　　)等。

(A)纵向进给　　　　(B)横向进给　　　　(C)圆周进给　　　　(D)切向进给

47．影响切削力的因素有(　　)。

(A)切削用量　　　　(B)工件材料　　　　(C)刀具几何角度　　(D)刀具材料

48．工艺基准包括(　　)。

(A)粗基准　　　　　(B)定位基准　　　　(C)装配基准　　　　(D)测量基准

49．数控机床上常用的铣刀种类有(　　)和成型铣刀、鼓形铣刀等。

(A)键槽铣刀　　　　(B)立铣刀　　　　　(C)模具铣刀　　　　(D)面铣刀

50．对刀点合理选择的位置应是(　　)。

(A)孔的中心线上　　　　　　　　　　(B)两垂直平面交线上

(C)工件坐标系零点　　　　　　　　　(D)机床坐标系零点

51．当夹持工件时,需同时检验(　　),既需要顾及工件的刚性,亦要防止过度夹持造成的夹持松脱。

(A)夹持方法　　　　(B)夹持部位　　　　(C)夹持压力　　　　(D)夹持角度

52．刀具材料必须具有相应的(　　)性能。

(A)物理　　　　　　(B)热学　　　　　　(C)化学　　　　　　(D)力学

53．国标规定孔和轴的配合分为(　　)。

(A)公差配合　　　　(B)间隙配合　　　　(C)过渡配合　　　　(D)过盈配合

54．工艺系统内部热源有(　　)。

(A)摩擦热　　　　　(B)转化热　　　　　(C)切削热　　　　　(D)磨削热

55．完整的测量过程包括(　　)。

(A)被测对象　　　　(B)计量单位　　　　(C)测量方法　　　　(D)测量精度

56．工件的装夹方式可分为(　　)。

(A)直接装夹法　　　(B)找正装夹法　　　(C)间接装夹法　　　(D)夹具装夹法

57．工艺基准是为了生产的目的而选定的,它仅仅是在制造零件的过程中才起作用。按其用途不同,工艺基准可分为(　　)等。

(A)定位基准　　　　(B)装配基准　　　　(C)加工基准　　　　(D)测量基准

58．一般根据零件的(　　)、尺寸及生产类型确定零件表面的数控车削加工方法及加工方案。

(A)表面粗糙度　　　(B)材料　　　　　　(C)加工精度　　　　(D)结构形状

59．机械零件毛坯可以分为(　　)等。

(A)铸件　　　　　　(B)锻件　　　　　　(C)冲压件　　　　　　(D)焊接件

60. 下列不属于加工工序划分原则的是(　　)。

(A)先粗后精　　　　(B)先孔后面　　　　(C)先内后外　　　　(D)连续加工

61. 精加工时切削用量参数应该选择(　　)。

(A)大的切削速度　　　　　　　　　　(B)大的进给量

(C)小的切削速度　　　　　　　　　　(D)小的进给量

62. 相对于弹簧夹头,三爪卡盘的优点是(　　)。

(A)装夹效率高　　　(B)装夹力大　　　(C)装夹适应面宽　　　(D)装夹精度高

63. 夹紧力的选择应遵循的原则是(　　)。

(A)夹紧力方向应尽可能与工件平行

(B)夹紧力作用方向应有助于工件定位的准确性

(C)夹紧力方向应尽可能使所需夹紧力减小

(D)夹紧力方向应尽可能使工件变形减小

64. 粗基准选择原则包括(　　)。

(A)当要求加工表面加工余量均匀时,以加工余量最小的表面为粗基准

(B)当不要求加工余量均匀时,以加工余量均匀的表面为粗基准

(C)当没有加工余量均匀的要求时,以加工余量最小的表面为粗基准

(D)可以有缺陷的表面为粗基准

65. 工件的(　　)自由度被不同的定位元件重复限制的定位称为过定位。

(A)一个　　　　　(B)两个　　　　　(C)三个　　　　　(D)几个

66. 刀具刃磨时,刃角过大容易导致刀具(　　)。

(A)不耐用　　　　(B)易卷口　　　　(C)不锋利　　　　(D)崩口

67. 机夹可转位车刀是将可转位硬质合金刀片用机械的方法夹持在刀杆上形成的车刀,一般由(　　)组成。

(A)刀片　　　　　(B)刀垫　　　　　(C)夹紧元件　　　　　(D)刀体

68. 机夹车刀可用于加工(　　)。

(A)外圆　　　　　(B)端面　　　　　(C)内孔　　　　　(D)槽

69. 数控车床编程时,可以采用(　　)。

(A)绝对值编程方式　　　　　　　　　(B)相对值编程方式

(C)增量值编程方式　　　　　　　　　(D)混合编程方式

70. 如果要求刀具在到达终点前减速并精确定位后才执行下一段程序段时,可使用(　　)指令。

(A)G01　　　　　(B)G09　　　　　(C)G00　　　　　(D)G61

71. 数控加工编程前要对零件的几何特征如(　　)等轮廓要素进行分析。

(A)平面　　　　　(B)直线　　　　　(C)轴线　　　　　(D)曲线

72. 在未装夹工件前,空运行一次程序是为了检查(　　)。

(A)程序　　　　　　　　　　　　　　(B)工件坐标系

(C)刀具、夹具选取与安装的合理性　　(D)机床的加工范围

73. 数控机床在切削螺纹工序之前,应对(　　)编程。

(A)主轴转速　　　　(B)转向　　　　　(C)进给速度　　　　(D)切削量

74. 程序编制的一般过程是(　　　)。

(A)确定工艺路线　　　　　　　　　(B)计算刀具轨迹的坐标值

(C)编写加工程序　　　　　　　　　(D)程序输入数控系统

75. 数控是指用(　　)组成的数字指令来实现一台或多台机械设备动作控制的技术。

(A)数字　　　　　(B)文字　　　　　(C)符号　　　　　(D)代码

76. 零件的源程序是编程人员根据被加工零件的(　　)用字符编写的计算机输入程序。

(A)尺寸要求　　　(B)几何图形　　　(C)工艺要求　　　(D)加工精度

77. G02、G03 分别表示(　　　)。

(A)快速移动　　　　　　　　　　　(B)顺时针圆弧插补

(C)直线插补　　　　　　　　　　　(D)逆时针圆弧插补

78. 逐点比较插补法的一个插补循环包括(　　　)。

(A)偏差判别　　　(B)坐标进给　　　(C)偏差计算　　　(D)终点计算

79. 在完成编有 M00 代码的程序段中的其他指令后,(　　　)。

(A)主轴停止　　　(B)进给停止　　　(C)切削液关断　　　(D)程序停止

80. 当主轴需要改变旋转方向时,要用 M05 代码先停止主轴旋转,然后再规定(　　　)代码。

(A)M01　　　　　(B)M02　　　　　(C)M03　　　　　(D)M04

81. (　　　)螺纹均可由 G32 螺纹切削指令进行加工。

(A)圆柱　　　　　(B)圆锥　　　　　(C)矩形　　　　　(D)梯形

82. 自动编程系统由(　　)组成。

(A)计算机　　　　(B)外围设备　　　(C)自动编程软件　　(D)处理机

83. G34 指令式中(　　)含义与 G32 指令相同。

(A)K　　　　　　(B)X　　　　　　(C)Z　　　　　　(D)F

84. G90 可以进行(　　)循环。

(A)外圆加工　　　(B)内孔直线加工　　(C)锥面加工　　　(D)螺纹加工

85. 程序段由(　　)组成。

(A)顺序号　　　　(B)指令　　　　　(C)EOB　　　　　(D)地址符

86. 数控系统中,(　　)指令在加工过程中是模态的。

(A)G01　　　　　(B)F　　　　　　(C)G04　　　　　(D)M02

87. 建立或取消刀具半径补偿的偏置是在(　　　)指令的执行过程中完成的。

(A)G01　　　　　(B)G02　　　　　(C)G00　　　　　(D)G03

88. 一个简单的车削固定循环程序段可以完成的加工顺序动作有(　　　)。

(A)快速进刀　　　(B)工进车削　　　(C)工进退刀　　　(D)快速返回

89. 在编制数控机床加工程序时,应考虑(　　　)之间的相互关系。

(A)工装原点　　　(B)工件原点　　　(C)刀具原点　　　(D)机床原点

90. 在编制好数控程序进行实际切削加工时,必须测出各个刀具的(　　　)。

(A)相关尺寸　　　　　　　　　　　(B)实际安装位置

(C)坐标位置　　　　　　　　　　　(D)原点位置

91. 下列指令可以用来表示圆弧所在平面的是( )。

(A)G17　　　　　(B)G20　　　　　(C)G18　　　　　(D)G19

92. 直接计算法是依据零件图样上给定的尺寸,运用( )的有关知识,直接计算出所求点的坐标。

(A)代数　　　　　(B)物理　　　　　(C)三角　　　　　(D)几何

93. 以( )为间隔选择程序段号,以便以后插入程序段时不会改变程序段号的顺序。

(A)5　　　　　(B)10　　　　　(C)15　　　　　(D)20

94. 用圆弧插补 G02 、G03 指令增量编程时,( )是终点相对于始点的距离。

(A)U　　　　　(B)V　　　　　(C)W　　　　　(D)Y

95. 刀具半径尺寸补偿指令的起点能写在( )程序段中。

(A)G00　　　　　(B)G02　　　　　(C)G03　　　　　(D)G01

96. 关于程序校验与首件试切的作用,不正确的是( )。

(A)检查机床是否正常

(B)提高加工质量

(C)检验程序是否正确及零件的加工精度是否满足图纸要求

(D)检验参数是否正确

97. 采用固定循环编程可以( )。

(A)加快切削速度,提高加工质量　　　　(B)缩短程序的长度

(C)减少程序所占内存　　　　(D)减少吃刀深度,保证加工质量

98. 工件装夹时的夹紧力要适中,要防止工件的( )。工件装夹过程中应对工件进行找正,以保证工件轴线与主轴轴线同轴。

(A)变形　　　　(B)夹伤

(C)加工过程中产生松动　　　　(D)过定位

99. 下列不属于混合编程的程序段是( )。

(A)G0 X100 Z200 F300　　　　(B)G01 X−10 Z−20 F30

(C)G02 U−10 W−5 R30　　　　(D)G03 X5 W−10 R30 F500

100. 圆弧插补中,对于整圆,其( )相重合,用 R 编程无法定义,所以只能用圆心坐标编程。

(A)起点　　　　(B)中点　　　　(C)任意点　　　　(D)终点

101. 数控机床的进给路线不但是作为编程轨迹计算的依据,而且还会影响( )。

(A)加工精度　　　(B)加工速度　　　(C)表面粗糙度　　　(D)走刀次数

102. 数控系统中采用增量尺寸编程时,尺寸字用( )表示。

(A)X　　　　　(B)U　　　　　(C)V　　　　　(D)W

103. 下列指令具有刀具半径自动补偿功能的是( )。

(A)G49　　　　　(B)G41　　　　　(C)G42　　　　　(D)G43

104. G01 指令后的坐标值取绝对值编程还是取增量值编程由( )决定。

(A)G90　　　　　(B)G91　　　　　(C)G92　　　　　(D)G93

105. 下列是零点偏置指令的是( )。

(A)G55　　　　　(B)G57　　　　　(C)G54　　　　　(D)G53

106. 数控加工控制类型有( )。
(A)主轴控制
(B)各坐标轴运动控制
(C)顺序控制
(D)刀架控制

107. 测量与反馈装置的作用是( )。
(A)提高机床的安全性
(B)提高机床的使用寿命
(C)提高机床的定位精度
(D)提高机床的加工精度

108. 影响数控车床加工精度的因素很多,下列措施能提高加工精度的是( )。
(A)将绝对编程改变为增量编程
(B)正确选择车刀类型
(C)控制刀尖中心高误差
(D)减小刀尖圆弧半径对加工的影响

109. 下列不属于数控机床核心的是( )。
(A)伺服系统
(B)数控系统
(C)反馈系统
(D)传动系统

110. 数控车床自动加工方式有( )。
(A)存储器运行方式
(B)MDI 运行方式
(C)跳段运行
(D)单段运行

111. 快速进给倍率有( )。
(A)5%
(B)20%
(C)50%
(D)100%

112. 无论是首次加工的零件还是重复加工的零件,首件必须对照( )进行试切。
(A)图纸
(B)工艺规程
(C)加工程序
(D)刀具调整卡

113. 必须在确认工件夹紧后才能启动机床,严禁工件运转时( )工件。
(A)夹紧
(B)测量
(C)触摸
(D)清理

114. 数控机床所用的手动操作一般有( )几种方式。
(A)JOG 连续进给方式
(B)JOG 间断进给方式
(C)INC 增量点动方式
(D)摇电手轮进给方式

115. 直流伺服电动机主要适用于( )伺服系统中。
(A)半开环
(B)半闭环
(C)闭环
(D)开环

116. 数控机床的信息输入方式有( )。
(A)按键和 CRT 显示器
(B)磁带
(C)手摇脉冲发生器
(D)磁盘

117. 切削加工工序安排的原则是( )。
(A)先孔后面
(B)先粗后精
(C)先主后次
(D)先面后孔

118. 孔径较大的套一般采用( )方法加工。
(A)铰
(B)钻
(C)半精镗
(D)精镗

119. 如果( )精度都很高,重复定位也可采用。
(A)工件的定位基准
(B)夹具的定位元件
(C)测量基准
(D)机床

120. 在数控车床上加工时,如刀尖安装高度高时对工作角度的影响是( )。
(A)前角变大
(B)前角变小
(C)后角变大
(D)后角变小

121. 零件的加工精度包括( )。
(A)尺寸精度
(B)形状精度
(C)位置精度
(D)表面粗糙度

122. 加工细长轴时,减少工件变形的必要措施是(　　)。

(A)保持刀刃锋利 　　　　　　　　(B)使用弹性顶尖

(C)浇注充分的切削液 　　　　　　(D)减少切削热

123. 获得加工零件相互位置精度,主要由(　　)来保证。

(A)刀具精度 　　(B)机床精度 　　(C)夹具精度 　　(D)工件安装精度

124. 切削速度对积屑瘤影响很大,切削速度(　　)不易产生积屑瘤。

(A)高 　　(B)中 　　(C)最低 　　(D)较低

125. (　　)都是最常用的长度测量器具。

(A)游标卡尺 　　(B)千分尺 　　(C)米尺 　　(D)百分表

126. 千分尺测量准确度高,按用途可分为(　　)。

(A)外径千分尺 　　(B)内径千分尺 　　(C)深度千分尺 　　(D)高度千分尺

127. 在加工中将半径补偿值设定为不同的值,即可利用同一程序完成(　　)。

(A)粗加工 　　(B)过精加工 　　(C)半精加工 　　(D)精加工

128. 逐点比较法中,刀具每走一步都要完成(　　)。

(A)偏差判别 　　(B)坐标进给 　　(C)偏差计算 　　(D)终点判别

129. 操作人员在测量工件时应主要注意(　　)误差。

(A)量具 　　(B)读数 　　(C)温度 　　(D)测量力

130. 加工(　　)零件,宜采用数控加工设备。

(A)大批量 　　　　　　　　　　　(B)多品种中小批量

(C)复杂型面 　　　　　　　　　　(D)叶轮叶形

131. 车削特点是刀具沿着所要形成的工件表面,以一定的(　　)对回转工件进行切削。

(A)切削速度 　　(B)进给量 　　(C)背吃刀量 　　(D)方向

132. 千分尺分为(　　)。

(A)深度千分尺 　　(B)螺纹千分尺 　　(C)蜗杆千分尺 　　(D)公法线千分尺

133. 测量偏心距时的量具有(　　)等。

(A)百分表 　　(B)活动表架 　　(C)平板 　　(D)顶尖

134. 插补过程可分为(　　)几个步骤。

(A)坐标进给 　　(B)偏差计算 　　(C)偏差判别 　　(D)终点判别

135. "空运转"只是在自动状态下快速检验程序运行的一种方法,能用于(　　)的工件加工。

(A)复杂 　　(B)精密 　　(C)实际 　　(D)图形

136. 下列属于切削液作用的是(　　)。

(A)冷却 　　　　　　　　　　　　(B)提高切削速度

(C)润滑 　　　　　　　　　　　　(D)清洗

137. 两拐曲轴工艺规程采用工序集中可以(　　)。

(A)减少工件装夹 　　　　　　　　(B)减少搬运次数

(C)节省辅助时间 　　　　　　　　(D)节省测量时间

138. 增大装夹时的接触面积,可采用特制的(　　),这样可使夹紧力分布均匀,减小工件的变形。

(A)套筒   (B)软卡爪   (C)开缝套筒   (D)定位销

139. 数控车床具有(　　)功能,加工过程不需要人工干预,加工质量较为稳定。

(A)程序控制   (B)自动加工   (C)自动控制   (D)指令控制

140. 编制数控车床加工工艺时,要求装夹方式要有利于编程时数学计算的(　　)。

(A)可用性   (B)简便性   (C)工艺性   (D)精确性

141. 偏心工件的主要装夹方法有(　　)、三爪卡盘装夹、双重卡盘装夹、专用偏心夹具装夹等。

(A)虎钳装夹   (B)四爪卡盘装夹   (C)两顶尖装夹   (D)偏心卡盘装夹

142. 手动对刀的方法包括(　　)。

(A)基点对刀法   (B)定位对刀法   (C)光学对刀法   (D)试切对刀法

143. 正确安装车刀可以(　　)。

(A)保证加工质量   (B)减小刀具磨损

(C)提高刀具使用寿命   (D)影响加工时间

144. 螺纹加工时应注意在两端设置足够的升速进刀段和降速退刀段,其数值可由(　　)来确定。

(A)刀具   (B)螺纹导程   (C)进给量   (D)主轴转速

145. 轴类零件的调质处理不应安排在(　　)。

(A)粗加工前   (B)粗加工后,精加工前

(C)精加工后   (D)渗碳后

146. 数控车床有不同的运动方式,需要考虑工件与刀具相对运动关系及坐标方向,采用(　　)的原则编写程序。

(A)刀具不动   (B)工件不动   (C)工件移动   (D)刀具移动

147. 在自动加工过程中,出现紧急情况可按(　　)键中断加工。

(A)复位   (B)急停   (C)进给保持   (D)以上均不正确

148. 常用的切削液分为(　　)。

(A)润滑液   (B)切削油   (C)乳化液   (D)水溶液

149. 常用车刀的形状包括(　　)。

(A)尖形车刀   (B)圆弧形车刀   (C)成型车刀   (D)三角形车刀

150. 选择车刀刀片材质主要依据(　　)。

(A)被加工工件的材质   (B)被加工表面的精度

(C)表面质量要求   (D)切削载荷的大小

151. 用数控车床加工零件时,根据零件的结构形状不同选择定位基准,并力求(　　)统一,以减少定位误差,提高加工精度。

(A)设计基准   (B)工艺基准   (C)编程基准   (D)测量基准

152. 加工套类零件时,常用的夹具型式有(　　)。

(A)圆柱心轴定位夹具   (B)小锥度心轴定位夹具

(C)圆锥心轴定位夹具   (D)螺纹心轴定位夹具

四、判 断 题

1. "NC"的含义是计算机数字控制。（　　　）

2. "CNC"的含义是计算机数字控制。（　　　）

3. 车削中心必须配备动力刀架。（　　　）

4. 一般简易的数控系统属于轮廓控制系统。（　　　）

5. 表面粗糙度高度参数 R_a 值越大,表示表面粗糙度要求越低;R_a 值越小,表示表面粗糙度要求越高。（　　　）

6. 当数控加工程序编制完成后即可进行正式加工。（　　　）

7. 数控机床是在普通机床的基础上将普通电气装置更换成 CNC 控制装置。（　　　）

8. 用数显技术改造后的机床就是数控机床。（　　　）

9. G00、G01 指令都能使机床坐标轴准确到位,因此它们都是插补指令。（　　　）

10. 数控机床适用于单品种、大批量的生产。（　　　）

11. 数控机床的加工特点是加工精度高,生产效率高,劳动强度低,对零件加工适应性强。（　　　）

12. 数控机床的核心是数控系统。（　　　）

13. 只有采用 CNC 技术的机床才叫数控机床。（　　　）

14. 数控机床按工艺用途分类,可分为数控切削机床、数控电加工机床、数控测量机床等。（　　　）

15. 经加工验证的数控加工程序就能保证零件加工合格。（　　　）

16. 平行度的符号是 //,垂直度的符号是 ⊥ ,圆度的符号是 ⌀ 。（　　　）

17. 数控机床中 MDI 是机床诊断智能化的英文缩写。（　　　）

18. 闭环控制系统的控制精度比半闭环高。（　　　）

19. 数控面板按钮接通具有唯一性,故同时按下两个按钮时,只能一个有效。（　　　）

20. 与主轴轴线平行或重合的轴一定是 Z 轴。（　　　）

21. 刀具长度补偿指令是 G42。（　　　）

22. 数控编程就是编工艺。（　　　）

23. 国家规定上偏差为零、下偏差为负值的配合称为基轴制配合。（　　　）

24. 配合可以分为间隙配合和过盈配合两种。（　　　）

25. 在基轴制中,经常用钻头、铰刀、量规等定值刀具和量具,这样有利于生产和降低成本。（　　　）

26. 公差是零件允许的最大偏差。（　　　）

27. 检查加工零件尺寸时应选精度高的测量器具。（　　　）

28. 过盈配合的结合零件加工时表面粗糙度应该选小为好。（　　　）

29. 加工零件的表面粗糙度小要比大好。（　　　）

30. 用一个精密的塞规可以检查加工孔的质量。（　　　）

31. FANUC-OT 是数控车床应用的控制系统。（　　　）

32. 软件超程可以用硬件超程同样的方法解决。（　　　）

33. 经济型数控车床的显著缺点是没有恒线速度切削功能。（　　　）

34. G 代码可以分为模态 G 代码和非模态 G 代码。（　　）

35. 数控机床按控制系统的特点可分为开环、闭环和半闭环系统。（　　）

36. 在开环和半闭环数控机床上,定位精度主要取决于进给丝杠的精度。（　　）

37. 子程序的编写方式必须是增量方式。（　　）

38. 数控车床与普通车床相比在结构上差别最大的部件是进给传动。（　　）

39. 影响刀具寿命的因素是工件材料、刀具材料、刀具几何参数、切削用量。（　　）

40. "G01 X500 Z100 F40"表示进给速度移到 X500、Z100 处。（　　）

41. 数控加工路线的选择,尽量使加工路线缩短,以减少程序段,又可减少空走刀时间。（　　）

42. 数控机床在输入程序时,不论何种系统坐标值,不论是整数还是小数,都不必加入小数点。（　　）

43. 数控车床的特点是 Z 轴进给 1 mm,零件的直径减小 2 mm。（　　）

44. 由存储单元在加工前存放最大允许加工范围,而当加工到约定尺寸时数控系统能够自动停止,这种功能称为软件行程限位。（　　）

45. 不同结构布局的数控机床有不同的运动方式,但无论何种形式,编程时都认为工件相对于刀具运动。（　　）

46. 数控车床的刀具功能字 T 既指定了刀具数,又指定了刀具号。（　　）

47. 数控机床的编程方式是绝对编程或增量编程。（　　）

48. 螺纹指令"G32 X41.0 W-43.0 F1.5"是以每分钟 1.5 mm 的速度加工螺纹。（　　）

49. 数控机床加工时选择刀具的切削角度与普通机床加工时是不同的。（　　）

50. 车床的进给方式分每分钟进给和每转进给两种,一般可用 G94 和 G95 区分。（　　）

51. 车床主轴编码器的作用是防止切削螺纹时乱扣。（　　）

52. 跟刀架是固定在机床导轨上来抵消车削时的径向切削力的。（　　）

53. 切削速度增大时,切削温度升高,刀具耐用度大。（　　）

54. 数控车床可以车削直线、斜线、圆弧、公制和英制螺纹、圆柱管螺纹、圆锥螺纹,但是不能车削多头螺纹。（　　）

55. 切削中,对切削力影响较小的是前角和主偏角。（　　）

56. 同一工件,无论用数控机床加工还是用普通机床加工,其工序都一样。（　　）

57. 刀具半径补偿是一种平面补偿,而不是轴的补偿。（　　）

58. 固定循环是预先给定一系列操作,用来控制机床的位移或主轴运转。（　　）

59. 数控车床的刀具补偿功能有刀尖半径补偿与刀具位置补偿。（　　）

60. 刀具补偿寄存器内只允许存入正值。（　　）

61. 数控机床的机床坐标原点和机床参考点是重合的。（　　）

62. 机床参考点在机床上是一个浮动的点。（　　）

63. 外圆粗车循环方式适合于加工棒料毛坯除去较大余量的切削。（　　）

64. 固定形状粗车循环方式适合于加工已基本铸造或锻造成型的工件。（　　）

65. 刀具补偿功能包括刀补的建立、刀补的执行和刀补的取消三个阶段。（　　）

66. 编制数控加工程序时一般以机床坐标系作为编程的坐标系。（　　）

67. 基本型群钻是群钻的一种,即在标准麻花钻的基础上进行修磨,形成"六尖一七刃"的

结构特征。（　　）

68. 为了保证工件达到图样所规定的精度和技术要求,夹具上的定位基准应与工件上设计基准、测量基准尽可能重合。（　　）

69. 刀具切削部位材料的硬度必须大于工件材料的硬度。（　　）

70. 因为试切法的加工精度较高,所以主要用于大批、大量生产。（　　）

71. 切削用量中,影响切削温度最大的因素是切削速度。（　　）

72. 在切削时,车刀出现溅火星属正常现象,可以继续切削。（　　）

73. 数控机床对刀具材料的基本要求是高的硬度、高的耐磨性、高的红硬性和足够的强度和韧性。（　　）

74. 高速钢刀具具有良好的淬透性,较高的强度、韧性和耐磨性。（　　）

75. 高速钢是一种含合金元素较多的工具钢,由硬度和熔点很高的碳化物和金属粘结剂组成。（　　）

76. 车床上保持切削速度一致的方法是恒线速度切削。（　　）

77. X 轴是机床产生切削力的轴线。（　　）

78. 刀具远离工件的方向是坐标的正方向。（　　）

79. T0201 表示选用 1 号刀具。（　　）

80. 输入程序"G00 X100."与"G00 X100"表示它们在 X 方向的位移量一定相等。（　　）

81. 一工件坐标原点,只能设定在一处。（　　）

82. M00、M01 都是程序暂停代号。（　　）

83. M00 与 M30 都是程序停止,意义相同。（　　）

84. M03 为主轴正转。（　　）

85. S 功能是表示主轴转速,单位用 r/min 表示。（　　）

86. F 功能的单位只能是 mm/min。（　　）

87. T0100 表示 1 号刀具,无刀补。（　　）

88. G00 与 G01 后必须设定进给量 F 值。（　　）

89. G02、G03 后的 R 值有正和负两种。（　　）

90. G02、G03 后面的 I、J、K 值是指圆弧插补的终点坐标值。（　　）

91. 一个或一组工人在一个工作地点对同一个或同时对几个工件所连续完成的那一部分工艺过程称为工步。（　　）

92. 安全管理是综合考虑"物"的生产管理功能和"人"的管理,目的是生产更好的产品。（　　）

93. 通常车间生产过程仅仅包含以下四个组成部分:基本生产过程、辅助生产过程、生产技术准备过程、生产服务过程。（　　）

94. 车间生产作业的主要管理内容是统计、考核和分析。（　　）

95. 车间日常工艺管理中首要任务是组织职工学习工艺文件,进行遵守工艺纪律的宣传教育,并例行工艺纪律的检查。（　　）

96. 加工中心主轴超高速回转结构需要磁力轴承。（　　）

97. 数控机床的加工精度取决于数控系统的最小分辨率。（　　）

98. 不同的数控机床可能选用不同的数控系统,但数控加工程序指令都是相同

的。（　　）

99. 常用的位移执行机构有步进电机、直流伺服电机和交流伺服电机。（　　）

100. 硬质合金材料的硬度较高,耐磨性好,耐热性高,能耐 800 ℃～1 000 ℃的高温。（　　）

101. 采用滚珠丝杠作为 X 轴和 Z 轴传动的数控车床机械间隙一般可忽略不计。（　　）

102. 伺服系统的执行机构常采用直流或交流伺服电动机。（　　）

103. 数控车床刀架的定位精度和垂直精度中,影响加工精度的主要是前者。（　　）

104. 液压缸的功能是将液压能转化为机械能。（　　）

105. 在数控机床上加工零件,应尽量选用组合夹具和通用夹具装夹工件,避免采用专用夹具。（　　）

106. 保证数控机床各运动部件间的良好润滑就能提高机床寿命。（　　）

107. 数控机床进给传动机构中采用滚珠丝杠的原因主要是为了提高丝杠精度。（　　）

108. 数控机床配备的固定循环功能主要用于孔加工。（　　）

109. 机床参考点是数控机床上固有的机械原点,该点到机床坐标原点在进给坐标轴方向上的距离可以在机床出厂时设定。（　　）

110. 因为毛坯表面的重复定位精度差,所以粗基准一般只能使用一次。（　　）

111. 陶瓷的主要成分是氧化铝,其硬度、耐热性和耐磨性均比硬质合金高。（　　）

112. 热处理调质工序一般安排在粗加工之后、半精加工之前进行。（　　）

113. 具有独立的定位作用且能限制工件自由度的支承称为辅助支承。（　　）

114. 数控机床对刀具的要求是能适合切削各种材料、能耐高温且有较长的使用寿命。（　　）

115. 工件定位时,被消除的自由度少于六个,但完全能满足加工要求的定位称不完全定位。（　　）

116. 定位误差包括工艺误差和设计误差。（　　）

117. 零件图中的尺寸标注要求是完整、正确、清晰、合理。（　　）

118. 硬质合金是用粉末冶金法制造的合金材料,由硬度和熔点很高的碳化物和金属粘结剂组成。（　　）

119. 工艺尺寸链中,组成环可分为增环与减环。（　　）

120. 尺寸链按其功能可分为设计尺寸链和工艺尺寸链;按其尺寸性质可分为线性尺寸链和角度尺寸链。（　　）

121. 直线型检测元件有感应同步器、光栅、磁栅、激光干涉仪。（　　）

122. 旋转型检测元件有旋转变压器、脉冲编码器、测速发电机。（　　）

123. 开环进给伺服系统的数控机床,其定位精度主要取决于伺服驱动元件和机床传动机构的精度、刚度和动态特性。（　　）

124. 按数控系统操作面板上的 RESET 键后就能消除报警信息。（　　）

125. 滚珠丝杆与普通丝杆比较,主要特点是不能自锁、有可逆性。（　　）

126. 数控机床按伺服系统类型不同可分为点位、直线和连续控制。（　　）

127. 零件图上各元素之间的连接点称为节点。（　　）

128. 通常在命名或编程时,不论何种机床都一律假定工件静止、刀具移动。（　　）

129. 每一个指令脉冲信号使机床移动部件产生的位移量称为脉冲当量。（　　）

130. 开环控制系统的控制精度比半闭环高。（　　）

131. 滚珠丝杠螺母机构不可能实现无间隙传动。（　　）

132. 多品种小批量加工和单件加工选用数控设备最合适。（　　）

133. 全功能数控机床进给速度能达 3～15 m/min。（　　）

134. 自动编程时零件图上各特殊点的数值不必再计算。（　　）

135. 工件坐标系的原点与机床坐标系原点在同一处。（　　）

136. 炎热的夏季车间温度高达 35 ℃以上，因此要将数控柜的门打开来通风散热。（　　）

137. 长期搁置不用的数控机床必须每天进行空运转。（　　）

138. 只要数控机床的定位精度和几何精度合格，则它的切削精度也一定满足要求。（　　）

139. 单位时间内流过某过流截面的液体的体积称为流速，常用单位为 m/min。（　　）

140. 液压泵、液压马达均是液压系统中的动力元件。（　　）

141. G90 指令是用来确定编程方式的。（　　）

142. G41 指令是用来对刀尖位置进行补偿的。（　　）

143. 程序段的顺序号，根据数控系统的不同，在某些系统中可以省略。（　　）

144. 数控车床加工球面工件是按照数控系统编程的格式要求，写出相应的圆弧插补程序段。（　　）

145. 数控机床加工过程中可以根据需要改变主轴速度和进给速度。（　　）

146. 车削外圆柱面和车削套类工件时，它们的切削深度和进给量通常是相同的。（　　）

147. 为了防止工件变形，夹紧部位要与支承对应，不能在工件悬空处夹紧。（　　）

148. 切断实芯工件时，工件半径应小于切断刀的刀头长度。（　　）

149. 螺纹加工时的导入距离一般大于一个螺距。（　　）

150. 螺纹加工时尽可能提高转速，以提高加工效率。（　　）

151. 预防数控加工出故障的方法之一是空运行。（　　）

152. 程序编制中只要精确计算不会误差。（　　）

153. 加工塑性材料时，进给速度应慢一点。（　　）

154. 加工脆性材料时，背刀量应大一点。（　　）

155. 当数控机床失去对机床参考点的记忆时，必须进行返回参考点的操作。（　　）

156. G28 Z10 表示刀具移动到 Z10 处。（　　）

157. 刃倾角为正值时，有利于保护刀尖。（　　）

158. 数控车床上，刀尖圆弧只有在加工圆柱时才产生误差。（　　）

159. G00、G01、G02、G03、G04，以上指令都是同一组的。（　　）

160. 顺时针圆弧插补（G02）和逆时针圆弧插补（G03）的判别方向是：沿着不在圆弧平面内的坐标轴正方向向负方向看去，顺时针方向为 G02，逆时针方向为 G03。（　　）

161. 数控机床用恒线速度控制加工端面锥度和圆弧时，必须限制主轴的最高转速。（　　）

162. 在批量生产的情况下，用直接找正装夹工件比较合适。（　　）

163. 编制数控切削加工程序时,一般应选用轴向进刀。(　　)

164. 积屑瘤的产生在精加工时要设法避免,但对粗加工有一定的好处。(　　)

165. 刃磨车削右旋丝杠的螺纹车刀时,左侧工作后角应大于右侧工作后角。(　　)

166. 套类工件因受刀体强度、排屑状况的影响,所以每次切削深度要少一点,进给量要慢一点。(　　)

167. 数控机床在手动和自动运行中,一旦发现异常情况应立即使用紧急停止按钮。(　　)

168. 用交换法可以免拆许多机床零件。(　　)

169. 为了提高加工效率,螺纹加工时主轴转速应该越高越好。(　　)

170. 车削工件端面只允许凸,不允许凹。(　　)

171. 影响切削速度的主要因素是加工零件的精度。(　　)

172. 更换系统的后备电池时,必须在关机断电情况下进行。(　　)

173. 滚珠丝杆螺纹副的预紧力越大越好。(　　)

174. 加工中心加工时应严格遵守粗、精分开原则,防止热态下精加工时工件变形。(　　)

175. 塑性材料切削时前角、后角应越小越好。(　　)

176. 塑性材料加工时进给速度应越小越好。(　　)

177. 脆性材料加工时前角、后角应越大越好。(　　)

178. 刀具切入切出工件表面时应法向切入、法向切出才能保证表面不留痕迹。(　　)

五、简　答　题

1. 简述深度游标卡尺和高度尺的读数原理。深度游标卡尺和深度千分尺的规格有哪些?

2. 测量过程的四大要素是什么? 什么叫测量误差? 测量误差来源于哪里?

3. 深度千分尺的用途是什么? 高度尺的规格有哪些?

4. 常用的丝锥种类有哪些?

5. 什么叫加工余量? 加工余量的选择有什么原则?

6. 工艺系统原有误差包括哪些?

7. 机件的三视图分别是什么? 三视图的投影规律是什么? 什么叫剖视图?

8. 什么叫基孔制? 什么叫基轴制?

9. 什么叫强度? 按作用力不同可分为哪几种?

10. 简述程序号的作用。

11. 什么是机床坐标系? 辅助功能的作用是什么?

12. 数控机床失控是什么原因造成的? 交流主轴电机过热可能的原因有哪些? 如果测速发电机电刷接触不良会产生什么现象?

13. 脉冲编码器分为几种? 可编程序控制器有哪些特点?

14. 独立型 PLC 具有哪些基本功能结构?

15. 数控机床的驱动系统有几种? 各有什么作用?

16. 从提高数控机床的有效度来看,维修包含哪些含义?

17. 对于破坏性故障,例如伺服系统失控造成"飞车"等,维修人员应如何做?

18. 工件原点偏置的作用是什么?

19. 怎样利用机床坐标的位置显示功能测试各坐标轴的运动?如果工件坐标与位置显示功能不一致怎么办?

20. 什么是不安全状态?不安全状态的具体表现形式是什么?

21. 什么是数字控制?数控机床的驱动装置是怎样工作的?

22. 数控机床按控制系统特点分类可分为哪几种类型?

23. 为什么百分表齿杆的升降范围不能太大?为什么内径千分尺的测量误差比外径千分尺大?

24. 机械加工精度都包括哪些?什么叫冷作硬化?

25. 常用游标卡尺是由哪些零部件组成的?

26. 利用机床坐标的位置显示功能,可实现机内已加工完成的工件的哪些精度检验?可采用何种操作方法?

27. 在自动加工之前,怎样建立机床坐标点?

28. 表面粗糙度指的是什么?表面粗糙度代号 R_a 表示什么意思?

29. 工件的 6 个自由度都是哪些?长 V 形铁和短 V 形铁各限制了哪些自由度?

30. 一般轴类零件的加工顺序是什么?

31. 什么叫配合?新国标规定配合分为哪三类?

32. 装配图的作用是什么?

33. 数控加工工艺与普通机床加工工艺有何区别?

34. 工艺系统热源分为几种?内部热源和外部热源有哪几种?

35. 刀具材料应具备的基本要求有哪些?

36. 为什么说零件的图样及加工工艺分析是数控编程的基础?机械加工精度都有哪些?

37. 加工误差的分析方法有哪两类?

38. 工序的划分原则有哪几种?

39. 工步的划分原则有哪几种?

40. 液压系统中换向阀的作用是什么?对其有何要求?

41. 什么是金属材料的切削加工性?良好的切削加工性能指的是什么?

42. 数控机床对刀具的要求是什么?

43. 数控机床的主机部分与普通机床相比有什么不同?

44. 使用数控车床前应注意哪些事项?

45. 数控车床的工件原点是怎样设定的?

46. 何为数控机床的起刀点(程序原点)?何为换刀点?

47. 数控车床的暂停指令代码是什么?其作用是什么?

48. G27 是什么指令?它的作用是什么?有什么需要注意的地方?

49. G28 是什么指令?它的作用是什么?有什么需要注意的地方?

50. 简述程序的结构。

51. 数控车床的编程特点有哪些?

52. 数控机床的工作原理是什么?

53. 刀具补偿中如何判断左刀补和右刀补?

54. 说明 G00 指令的作用。

55. 数控车床的基本对刀方法有哪几种？怎样对刀？

56. 数控车床是怎样返回参考点的？

57. 数控机床除基础部件外还由哪些部分所组成？

58. 工艺系统有哪些热变形能对加工精度产生影响？

59. 完整的测量过程包括哪些内容？什么是测量对象？

60. 什么叫喷雾冷却法？

61. 根据工件的装夹方式不同，可分哪几种？

62. 检测元件在数控机床中的作用是什么？

63. 加工误差由哪两大类组成？什么叫原始误差？

64. 自动编程的目的是什么？

65. 刀具卡片编制应注意哪些事项？

六、综 合 题

1. 数控加工工艺的制定方法有哪些？

2. 如何校验程序语法、加工轨迹、切削参数制定的合理性？

3. 为什么数控机床加工对象适应性强？

4. 细述程序结构及内容。

5. 什么是自动编程？划分为哪两类？

6. 试述转塔式刀库、圆盘式刀库、链式刀库和抽屉式刀库有何优缺点。

7. 数控车床在进行螺纹切削时需要注意什么？

8. 什么是数控机床的加工路线？怎样确定？

9. 刀尖圆弧半径补偿的作用是什么？使用刀尖圆弧半径补偿有哪几步？在什么移动指令下才能建立和取消刀尖圆弧半径补偿功能？

10. FANUC 数控系统 6 有什么特点？

11. 数控机床夹具的选择要求有哪些？

12. 简述零件加工程序的编制过程。

13. M03、M04、M05 是什么指令？在使用中要注意什么？

14. 工件定位的作用是什么？什么叫完全定位？什么叫部分定位？什么叫欠定位？

15. 怎样合理使用车刀？

16. 细长轴的加工特点是什么？试述防止弯曲变形的方法。

17. 车削梯形螺纹的方法有哪几种？各有什么特点？

18. 装夹主偏角为 $75°$、副偏角为 $6°$ 的车刀，车刀刀杆中心线与进给方向成 $85°$，求该车刀工作时的主偏角和副偏角各多少？

19. 如图 1 所示的切削工件，为保持 A、B、C 各点的周速一定，即切削点的速度始终保持在 $150\ \text{m/min}$，求 A、B、C 每点的主轴转速应分别是多少？

20. 如图 2 所示，测量工件上两孔轴线的平行度误差。已知孔长 L_1 为 $30\ \text{mm}$，百分表的测量距 L_2 为 $80\ \text{mm}$，工件竖置时，将 M_1 处表的指针校为零，测得 M_2 处为 $+0.03\ \text{mm}$；工件水平放置时，将 M_1' 处表的指针校为零，测得 M_2' 处为 $-0.025\ \text{mm}$。问两孔轴线的平行度误差 f 为多少？

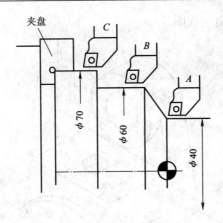

图 1

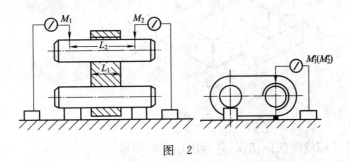

图 2

21. 按主视图(图 3)补全 A-A 剖视图,并将主体视图上的尺寸标注在主视图上。

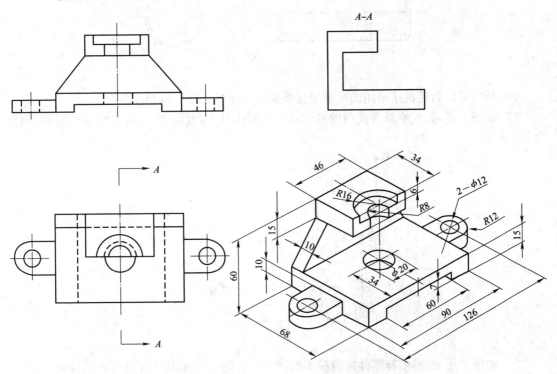

图 3

22. 按轴测图(图 4)画出三视图。

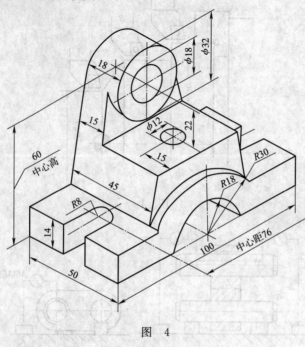

图　4

23. 找出图 5 中螺纹画法的错误,并画出正确的图形。

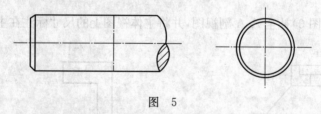

图　5

24. ISO 规定数控机床采用的标准坐标系是什么坐标系统?请作图说明。

25. 如图 6 所示,用绝对方式和增量方式分别写出从 P_1 点到 P_6 点的直线编程程序(倒角为 $2 \times 45°$)。

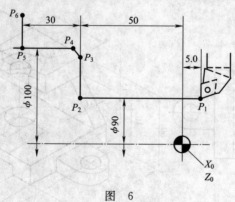

图　6

26. 如图 7 所示,对模具零件进行精车编程和工艺路线的确定,材质为 Cr15,棒料。

27. 凹模如图 8 所示,完成加工程序的编制,并写出各个节点的坐标。

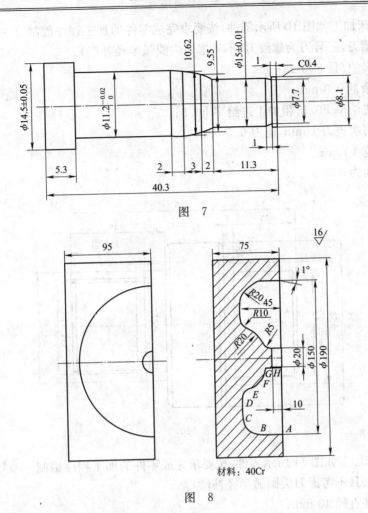

图 7

图 8

材料: 40Cr

28. 叙述 40°米制蜗杆车削步骤。

29. 某零件图如图 9 所示,需要在数控车床上对该零件进行精加工,其中 ϕ85 mm 部分不加工,要求确定工艺路线、选择刀具并编制精加工程序。

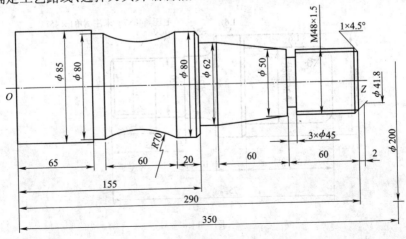

图 9

30. 数控车床加工如图 10 所示零件,按要求完成零件的加工程序编制。一号刀为外圆车刀,二号刀为切槽刀,三号刀为螺纹刀(不考虑刀尖圆弧半径补偿)。

要求:(1)毛坯直径 82 mm;

(2)精加工余量 0.3 mm;

(3)精加工进给率 F0.1,粗加工进给率 F0.3;

(4)粗加工每次进刀 1 mm,退刀 0.5 mm;

(5)切刀槽宽 4 mm;

(6)未注倒角为 2×45°。

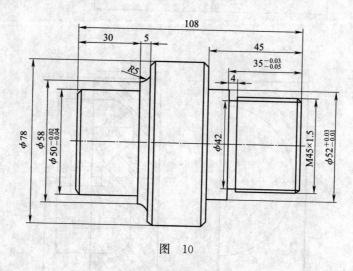

图　10

31. 数控车床加工如图 11 所示零件,按要求完成零件的加工程序编制。一号刀为外圆车刀,二号刀为螺纹刀(不考虑刀尖圆弧半径补偿)。

要求:(1)毛坯直径 40 mm;

(2)精加工余量 0.3 mm;

(3)精加工进给率 F0.1,粗加工进给率 F0.3;

(4)粗加工每次进刀 1 mm,退刀 0.5 mm。

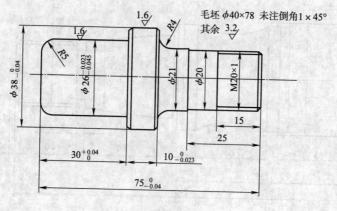

图　11

32. 数控机床驱动电机常用种类有哪些?（用分支形式表示）

33. 加工工件时产生的缺陷有哪些? 与机床有关的因素是什么?

34. 简述车床长丝杠的加工工艺。

35. 分析传统切削与高速切削在对刀具的磨损上有何主要区别,各自的表现形式及原因。

数控车工(中级工)答案

一、填 空 题

1. 加工过程
2. 轮廓控制
3. 输入输出设备
4. 指令信息
5. 指令脉冲
6. 定位精度
7. 位移传感器
8. 反馈信号
9. 旋转变压器
10. 编码盘
11. 液压
12. 半闭环
13. 开环
14. 定位元件
15. 两测量面
16. 千分尺
17. 深度
18. 螺旋副
19. 0.5
20. 垂直
21. 中小批量
22. 编程零点
23. 数值计算
24. 人机对话
25. 数控系统
26. 右手
27. Z 坐标轴
28. 正方向
29. 水平
30. 之后
31. 最大极限处
32. 编程和加工时
33. 偏置值
34. 子程序
35. 多个
36. 一个字
37. 报警
38. 两位数字
39. 顺序
40. 转速
41. 地址符 M
42. 原点为基准
43. 始点为基准
44. 无效
45. 直线运动
46. 正向移动
47. 非模态式
48. 开关状态
49. 显示报警
50. 开始状态
51. 之前
52. 简化编程
53. 程序
54. 不同
55. 伺服驱动
56. 数字控制
57. 1958
58. 连续
59. 轮廓
60. X 轴
61. Z 轴
62. 卧式
63. 动力
64. 混合
65. 最小脉冲当量
66. 相对
67. 控制部分
68. 定量
69. 锁住状态
70. 电池
71. 过松
72. 硬件故障
73. 程序段
74. 检测元件
75. 直线型
76. 控制装置
77. 坐标位置
78. 运动
79. 电刷
80. 振动
81. 紧急停止
82. 回转体
83. 直径值
84. 二倍值
85. X 轴
86. 切削速度
87. 相对安全
88. 插补联动
89. 非整圆
90. G70～G76
91. G33 指令
92. 切入与切出
93. 理论编程
94. 控制面板
95. 数控语言
96. 预先设定
97. 加工精度
98. 半径值
99. 图形交互
100. 完整加工
101. 安全第一,预防为主
102. GB/T 4460—2013
103. 粗实线
104. 细实线
105. 半剖视图
106. 正投影
107. 孔和轴
108. H
109. 间隙
110. 位置误差
111. R_a
112. 洛氏硬度 HR
113. 尺寸
114. 进给量
115. 单边余量
116. 6 个
117. 完全定位
118. 基准不重合
119. INC 增量点动方式
120. /
121. 手动原点复归

122. 手动进给率   123. 润滑   124. 数控技术   125. CNC 装置

126. 执行机构   127. 轮廓控制   128. 半闭环控制   129. 软件式

130. CNC 装置   131. 功率   132. 最后一个   133. 负

134. 圆弧起点   135. 非模态   136. M   137. 有效

138. M05   139. 实际   140. 抵抗   141. G01

142. CNC 装置

二、单项选择题

1. D	2. B	3. A	4. B	5. A	6. B	7. C	8. C	9. B
10. A	11. A	12. B	13. D	14. B	15. D	16. D	17. B	18. B
19. C	20. A	21. D	22. B	23. D	24. A	25. B	26. B	27. A
28. C	29. B	30. B	31. B	32. A	33. B	34. C	35. C	36. D
37. D	38. A	39. B	40. B	41. D	42. A	43. A	44. C	45. D
46. C	47. B	48. C	49. A	50. B	51. A	52. B	53. C	54. B
55. D	56. C	57. C	58. A	59. A	60. B	61. D	62. B	63. C
64. D	65. A	66. B	67. A	68. C	69. A	70. C	71. B	72. B
73. A	74. C	75. B	76. D	77. A	78. B	79. C	80. D	81. D
82. B	83. C	84. C	85. A	86. A	87. B	88. B	89. C	90. C
91. B	92. D	93. B	94. C	95. D	96. B	97. D	98. A	99. B
100. B	101. D	102. D	103. A	104. C	105. D	106. B	107. B	108. B
109. C	110. A	111. D	112. C	113. A	114. D	115. D	116. A	117. B
118. C	119. A	120. D	121. B	122. B	123. C	124. C	125. A	126. D
127. A	128. B	129. B	130. C	131. A	132. B	133. C	134. A	135. C
136. C	137. A	138. C	139. C	140. D	141. B	142. C	143. A	144. B
145. B	146. D	147. A	148. A	149. C	150. D	151. B	152. C	153. A
154. C	155. C	156. A	157. C	158. A	159. C	160. B	161. A	162. C
163. D	164. B	165. A	166. B	167. C	168. A	169. A	170. C	171. D
172. C	173. A	174. D	175. C	176. D	177. C	178. B	179. A	180. C
181. C	182. A	183. D	184. B	185. D	186. A	187. B	188. A	189. B

三、多项选择题

1. CD	2. AB	3. AC	4. ABC	5. AD	6. ABC	7. ACD
8. BCD	9. BC	10. ABD	11. ABCD	12. BCD	13. ABCD	14. AB
15. AC	16. ABC	17. ABCD	18. ABC	19. ABCD	20. ABD	21. ABC
22. ABD	23. AC	24. ABD	25. ABCD	26. BC	27. ABCD	28. ABC
29. BCD	30. ABCD	31. BD	32. ABC	33. AC	34. ABC	35. ABCD
36. ABD	37. BCD	38. ABCD	39. BCD	40. ABCD	41. BCD	42. ABC
43. AC	44. ABCD	45. AB	46. ABCD	47. ABCD	48. BCD	49. ABCD
50. AB	51. AC	52. ACD	53. BCD	54. ABCD	55. ABCD	56. ABD

57. ABD　58. ABCD　59. ABCD　60. ACD　61. AD　62. BD　63. BCD
64. ABC　65. AD　66. ABD　67. ABCD　68. ABC　69. ACD　70. BD
71. ABD　72. ACD　73. AB　74. ABCD　75. ACD　76. BC　77. BD
78. ABCD　79. ABCD　80. CD　81. ABC　82. ABC　83. BCD　84. ABC
85. ABC　86. AB　87. AC　88. ABCD　89. BCD　90. AB　91. ACD
92. ACD　93. AB　94. AC　95. AD　96. ABD　97. BC　98. ABC
99. ABC　100. AD　101. AC　102. BCD　103. BC　104. AB　105. ABC
106. BC　107. CD　108. BCD　109. ACD　110. ABCD　111. BCD　112. ABCD
113. ABCD　114. ACD　115. BC　116. ABCD　117. BCD　118. BCD　119. AB
120. BC　121. ABC　122. BCD　123. BCD　124. AC　125. ABD　126. ABC
127. ACD　128. ABCD　129. BCD　130. BCD　131. BC　132. ABD　133. ABCD
134. ABCD　135. ABD　136. ACD　137. ABC　138. BC　139. AB　140. BD
141. BCD　142. BCD　143. ABC　144. BD　145. ACD　146. BD　147. ABC
148. BCD　149. ABC　150. ABCD　151. ABCD　152. ABCD

四、判 断 题

1. ×　2. √　3. √　4. ×　5. √　6. ×　7. ×　8. ×　9. ×
10. ×　11. √　12. √　13. ×　14. √　15. ×　16. ×　17. ×　18. √
19. √　20. √　21. ×　22. ×　23. √　24. ×　25. ×　26. ×　27. ×
28. √　29. ×　30. ×　31. √　32. √　33. ×　34. √　35. ×　36. √
37. ×　38. √　39. √　40. √　41. √　42. ×　43. ×　44. √　45. ×
46. ×　47. ×　48. ×　49. ×　50. √　51. √　52. ×　53. ×　54. ×
55. ×　56. ×　57. √　58. √　59. √　60. ×　61. ×　62. ×　63. √
64. √　65. √　66. ×　67. ×　68. √　69. √　70. ×　71. √　72. ×
73. √　74. √　75. ×　76. ×　77. ×　78. √　79. √　80. ×　81. ×
82. √　83. ×　84. √　85. ×　86. ×　87. √　88. ×　89. √　90. ×
91. ×　92. √　93. √　94. √　95. √　96. √　97. ×　98. ×　99. √
100. √　101. √　102. √　103. ×　104. ×　105. √　106. ×　107. ×　108. ×
109. √　110. √　111. √　112. √　113. ×　114. ×　115. √　116. ×　117. √
118. √　119. √　120. √　121. √　122. √　123. √　124. ×　125. √　126. ×
127. ×　128. √　129. √　130. ×　131. √　132. √　133. √　134. √　135. ×
136. ×　137. √　138. ×　139. ×　140. ×　141. √　142. ×　143. √　144. √
145. √　146. ×　147. √　148. ×　149. √　150. ×　151. √　152. √　153. ×
154. ×　155. √　156. ×　157. ×　158. ×　159. ×　160. √　161. √　162. ×
163. ×　164. √　165. √　166. √　167. ×　168. √　169. ×　170. ×　171. ×
172. ×　173. ×　174. ×　175. ×　176. ×　177. ×　178. ×

五、简 答 题

1. 答:都是采用游标读数原理(1分)。深度游标卡尺的规格有 200 mm 和 300 mm

(2分)。深度千分尺的规格有 0～25 mm、0～100 mm、0～150 mm(2分)。

2. 答:(1)四大要素是:测量对象、计算单位、测量方法和测量精度(2分)。(2)测量误差就是指被测参数的值与真值之差(1分)。(3)来源于:标准器具误差、测量器具误差、测量方法误差、环境条件误差和人为误差(2分)。

3. 答:深度千分尺的作用是用来测量精度要求较高的深度尺寸(3分)。高度尺的规格有 300 mm 和 500 mm(2分)。

4. 答:常用的丝锥有手用丝锥、机用丝锥、螺母丝锥、锥形螺纹丝锥和挤压丝锥等(5分)。

5. 答:加工余量是指在加工过程中,从被加工表面上切除的金属厚度(2.5分)。加工余量的选择原则是:在保证加工质量的前提下尽量减少加工余量(2.5分)。

6. 答:工艺系统原有误差主要有机床误差、夹具和刀具误差、工件误差、测量误差以及定位和安装调整误差(5分)。

7. 答:分别是主视图、俯视图和左视图(1分)。三视图的投影规律是主俯视图长对正,主视图和左视图高平齐,俯视图和左视图宽相等(2分)。假想用剖切面剖开机件,将处在观察者和剖切面之间的部分移去,而将其余部分向投影面投影所得到的图形,称为剖视图(2分)。

8. 答:基本偏差为一定的孔的公差带,与不同基本偏差的轴的公差带形成的各种配合的一种制度,称为基孔制(2.5分)。基本偏差为一定的轴的公差带,与不同基本偏差的孔的公差带形成的各种配合的一种制度,称为基轴制(2.5分)。

9. 答:强度是金属材料在外力作用下抵抗塑性变形和断裂的能力(2分)。按作用力性质不同可分为:抗拉强度、抗弯强度、抗压强度、抗剪强度和抗扭强度等(3分)。

10. 答:其作用有三方面:(1)便于对程序核对、检索(1.5分);(2)用于程序复归操作,用于调刀、反复部分程序加工(2分);(3)用于程序、子程序之间的转向、定位(1.5分)。

11. 答:以机床原点为坐标系原点建立起来的 X、Y、Z 轴直角坐标系,称机床坐标系(2分)。辅助功能也叫 M 功能或 M 代码,是控制机床或系统的开关功能的一种命令(3分)。

12. 答:数控机床失控是由伺服电机检测元件的反馈信号接反或元件本身故障造成的。交流主轴电机过热可能的原因是:(1)负载太大(1分);(2)电机冷却系统太脏(1分);(3)电机的冷却风扇损坏(1分);(4)电机与控制单元之间接触不良(1分)。电刷接触不良会使机床在移动时发生振动,甚至有大的冲击(1分)。

13. 答:脉冲编码器分为光电式、接触式和电磁感应式三种(1分)。可编程序控制器的特点:(1)可靠性高(0.5分);(2)控制程序可改变,具有很好的柔性(0.5分);(3)编程简单、使用方便(0.5分);(4)功能完善(0.5分);(5)减少控制系统设计及施工的工作量(1分);(6)扩展方便、组合灵活(0.5分);(7)体积小、重量轻(0.5分)。

14. 答:独立型 PLC 具有:(1)CPU 及其控制电路(1分);(2)系统程序存储器(1分);(3)用户程序存储器(1分);(4)输入/输出接口电路(1分);(5)与编程机等外部设备通信的接口和电源(1分)。

15. 答:数控机床的驱动系统有进给驱动系统和主轴驱动系统两种(3分)。前者控制机床各坐标轴的切削进给运动,后者控制机床主轴的旋转运动(2分)。

16. 答:(1)日常的维护(或称预防性维护),这是为了延长 MTBF 时间(2.5分);(2)故障维修,此时要尽量缩短维修时间(2.5分)。

17. 答:对于破坏性故障,维修人员在维修时不允许重演故障现象(2分),而只能根据现场人员介绍,经过检查、分析来排除(2分),所以技术难度较高且有一定的风险(1分)。

18. 答:作用是编程人员不必考虑工件在机床上的具体安装位置和安装精度(1分),只将工件原点偏置值预存到数控系统中便能自动加到工件坐标系上(1.5分),并补偿工件在工作台上装夹位置上的误差(1.5分),可按机床的坐标系确定加工的坐标系(1分)。

19. 答:利用机床坐标的位置显示功能,可用脉冲电手轮继续进给、增量进给、回参考点等功能测试各坐标轴的运动(3分),如运动方向、回机床参考点是否正常(1分)。如果工件坐标与位置显示功能不一致时需要换算(1分)。

20. 答:不安全状态是指能导致发生事故的物质条件(1分)。不安全状态的表现形式为:(1)防护、保险、信号等装置缺乏或有缺陷(1分);(2)设备、设施、工具、附件有缺陷(1分);(3)个人防护用品、用具等缺少或有缺陷(1分);(4)生产(施工)场地环境不良(1分)。

21. 答:用数字化信号对机床运动及其加工过程进行控制的一种方法,简称数控(2.5分)。机床的进给是由 CNC 装置发出指令,通过电气或电液驱动装置实现的(2.5分)。

22. 答:数控机床按控制系统特点可分为点位控制、直线控制、轮廓控制三种类型(5分)。

23. 答:为了减少由于存在间隙所产生的误差,百分表齿杆的升降范围不能太大(2分)。内径千分尺不能保证恒定的测量力,而且不易定中心,所以它的测量误差比外径千分尺大(3分)。

24. 答:机械加工精度包括尺寸精度、形状精度、位置精度(3分)。在切削中,被切削层产生剧烈的塑性变形从而发生硬化现象,叫冷作硬化(2分)。

25. 答:常用游标卡尺由尺身、上下量爪、尺框、紧固螺钉、微动装置、主尺、微动螺母、游标组成(5分)。

26. 答:利用机床坐标的位置显示功能,可以实现机内已加工完成的工件的精度检验(2分),如基准平面、固定原点、垂直面、斜面、阶梯面、二维直线、圆弧轮廓、同轴圆等(1分)。测量时可采用手动操作,即 JOP 方式下机床各轴坐标位移(2分)。

27. 答:在自动加工之前,必须通过机床回参考点操作(2.5分),各坐标轴返回一固定参考点,以建立机床坐标点(2.5分)。

28. 答:表面粗糙度指零件加工表面具有微小间距和峰谷的微观不平度(3分)。代号 R_a 表示轮廓算术平均偏差(2分)。

29. 答:工件最多只能有 6 个自由度,即沿 X、Y、Z 轴的移动和绕 X、Y、Z 轴的转动(3分)。长 V 形铁限制 4 个自由度,短 V 形铁限制 2 个自由度(2分)。

30. 答:加工轴类零件的顺序安排,数控车床与普通车床基本一样,即遵循"先粗后精、由大到小"的基本原则(2分)。先粗后精,就是先对零件整体进行粗加工,再精加工;由大到小,就是车削时,先从最大直径处开始车削,然后依次往小直径处加工(1.5分)。在数控机床精车轴类零件时,往往从零件右端开始连续不断地完成对整个零件的切削(1.5分)。

31. 答:配合是指基本尺寸相同的,互相结合的孔和轴公差带之间的关系(2分)。新国标规定配合分为三类:(1)间隙配合;(2)过渡配合;(3)过盈配合(3分)。

32. 答:装配图是表达机器或部件的图形,是反映设计思想、指导生产、交流技术的重要技术部件(2.5分),装配图除了表达机器或部件的名称、结构性能和工作原理外,还表达零件的主要结构、形状及各零件之间装配、连接关系、运动情况等(2.5分)。

33. 答:(1)数控加工的工序内容比普通机床加工的工序内容复杂。由于数控机床比普通机床价格昂贵、加工功能强,所以在数控机床上一般安排比较复杂的零件的加工工序,甚至是在普通机床上难以完成的加工工序(2.5分);(2)数控机床加工工序的编制比普通机床工艺规程的编制复杂。因为在普通机床的加工工艺中不必考虑的问题,例如工序中工步的安排、对刀点、换刀点以及走刀路线的确定等因素,在数控机床编程时必须考虑确定(2.5分)。

34. 答:工艺系统热源可分为内部热源和外部热源两种(1.5分)。工艺系统内部热源有摩擦热、转化热、切削热和磨削热三种(2分)。工艺系统外部热源有环境温度、辐射热两种(1.5分)。

35. 答:(1)高的硬度和耐磨性(1分);(2)足够的强度和韧性(1分);(3)良好的耐热性(1分);(4)良好的导热性和小的膨胀系数(1分);(5)较好的工艺性(1分)。

36. 答:因为只有将零件被加工部位的图形准确反映在装夹的各工步位置、工件坐标系、刀具尺寸、加工路线及加工工艺参数等数据之后,才能正确地制定出数控加工程序(2分)。机械加工精度包括:(1)尺寸精度;(2)形状精度;(3)位置精度(3分)。

37. 答:加工误差的分析方法有分析计算法(2.5分)和统计计算法(2.5分)。

38. 答:在数控机床上加工零件,工序可以比较集中,在一次装夹中尽可能完成大部分或全部工序。首先应根据零件图,考虑被加工零件是否可以在一台数控机床上完成整个零件的加工,如若不能,则应决定其中哪些部分的加工在数控机床上进行,哪些部分的加工在其他机床上进行(2分)。一般工序的划分有以下几种方式:(1)以零件的装夹定位方式划分工序(1分);(2)按粗、精加工划分工序(1分);(3)按所用刀具划分工序(1分)。

39. 答:工步的划分主要从加工精度和生产效率两方面来考虑。在一个工序内往往需要采用不同的切削刀具和切削用量对不同的表面进行加工。为了便于分析和描述负责的零件,在工序内又细分为工步(2分)。工步的划分原则是:(1)同一表面按粗加工、半精加工、精加工依次完成,或全部加工表面按先粗加工后精加工分开进行(1分)。(2)对于既有铣削平面又有镗孔加工表面的零件,可按先铣削平面后镗孔进行加工。按此方法划分工步可以提高孔的加工精度,因为铣削平面时切削力较大,零件易发生变形,先铣平面后镗孔可以使其有一段时间恢复变形,并减少由此变形引起的对孔的精度的影响(1分)。(3)按使用刀具来划分工步。某些机床工作台的回转时间比换刀时间短,可以采用按使用刀具划分工步,以减少换刀次数,提高加工效率(1分)。

40. 答:换向阀的作用是利用阀芯和阀体间的相对运动来变换液流的方向,接通或关闭油路,从而改变液压系统的工件状态(2分)。要求是:(1)液体流经换向阀时压力损失小(1分);(2)关闭的油口的泄漏量小(1分);(3)换向可靠,而且平稳迅速(1分)。

41. 答:金属材料的切削加工性是指金属材料切削加工的难易程度(1分)。良好的切削加工性是指:刀具耐用度较高或一定耐用度下的切削速度较高(1分);在相同的切削条件下切削力较小,切削温度较低(1分);容易获得好的表面质量(1分);切屑形状容易控制或容易断屑(1分)。

42. 答:数控机床对刀具的要求有如下几点:(1)刀具必须具有承受高速切削和强力切削的能力(1分);(2)刀具要有较高的精度(1分);(3)要求刀具、刀片的品种、规格要多(1分);(4)要有比较完善的工具系统(1分);(5)要尽可能配备对刀仪(1分)。

43. 答:数控机床的主机部分与普通机床相比,其主要区别是:首先,数控机床采用的是高性能进给和主轴系统,因此传动系统结构简单,传动链短(2分);其次,为了适应数控机床连续、自动加工的要求,机械结构要有较高的动态刚度和较小的阻尼,并且应具有耐磨性好、热变形小的特点(1.5分);第三,数控机床更多地使用高效传动部件,如滚珠丝杠副、直线滚动导轨等部件(1.5分)。

44.答:(1)使用前须仔细阅读数控机床说明书,操作者应严格按说明书规定的方法操作机床(1分);(2)按说明书的编程规定,掌握手工编程方法和适用范围(1分);(3)对程序进行模拟和预演,及时发现和修改错误的程序段内容(1分);(4)熟练掌握手动操作和超程返回方法(0.5分);(5)注意快速进给指令运行时是否会发生碰撞(0.5分);(6)数控车床的坐标轴指向有严格规定,坐标轴方向是指车刀移动方向(1分)。

45.答:工件原点是人为设定的,设定的依据是既要符合图样尺寸的标注习惯,又要便于编程(2分)。通常工件原点选择在工件右端面、左端面或卡爪的前端面(3分)。

46.答:程序原点是程序中的坐标原点,即在数控加工时刀具相对于工件运动的起点,所以也称起刀点(2分)。换刀点是加工过程中用于自动换刀装置的换刀位置(1.5分)。该点可以是固定的,也可以是任意的,设定时由编程人员根据具体情况决定(1.5分)。

47.答:代码是G04(2分),该指令的作用是可使刀具做短时间(几秒钟)无进给的光整加工(2分),主要应用于车削环槽、不通孔及自动加工螺纹等场合(1分)。

48.答:G27是返回参考点检验指令(1分)。作用是用于检查X轴和Z轴是否能正确返回参考点,执行G27指令的前提是机床在通电后必须返回一次参考点,各轴按指令中给定的坐标值快速定位(2分)。需要注意的是,执行该指令后,如果要使车床停止,必须加入辅助功能M00指令,否则车床将继续执行下一程序段(2分)。

49.答:G28是自动返回参考点指令(1分)。执行该指令时,刀具快速移到指令值所指定的中间点位置,然后自动返回参考点,同时相应坐标方向的指示灯亮(2分)。需要注意的是,在编程时T0000(刀具复位)指令必须写在G28指令的同一程序段或该程序段之前,否则会发生不正确的动作(2分)。

50.答:一个完整的程序由程序号、程序内容和程序结束三部分组成(5分)。

51.答:(1)加工坐标系。加工坐标系应与机床坐标系的坐标方向一致,X轴对应工件径向,Z轴对应工件轴向,C轴(主轴)的运动方向则以从机床尾架向主轴看,逆时针为+C向,顺时针为-C向(2分)。(2)直径指定和半径指定。在数控车削加工的程序编制中,X轴的坐标值取零件图中的直径值或半径值,可以通过参数设定选择和指定工件直径或半径尺寸的控制方式。一般数控车削指定直径尺寸编程(1.5分)。(3)进刀和退刀。对于车削加工,进刀时采用快速走刀接近工件切削起点附近的某个点后,再改用切削速度进给。切削起点的确定与工件毛坯的余量大小有关,应该以刀具快速运行到该点时刀尖不与工件发生碰撞为原则(1.5分)。

52.答:加工信息(程序)由信号输入装置送到计算机中,经计算机处理、运算后,分别送给各轴控制装置(2分),经各轴的驱动电路转换、放大后驱动各轴伺服电动机,带动各轴运动(1.5分),并随时反馈信息进行控制,完成零件的轮廓加工(1.5分)。

53.答:沿着刀具的运动方向向前看(假设工件不动)(1分),刀具位于零件左侧的为左刀补(2分),反之为右刀补(2分)。

54.答:该指令以点位控制方式从刀具所在点快速移动到目标位置(2分),无运动轨迹要求(1.5分),不需要特别规定进给速度(1.5分)。

55.答:常用的对刀方法有三种(2分)。(1)试切对刀法。试切后,使每把刀的刀尖与端面、外圆母线的交点接触,利用这一交点为基础,计算出每把刀的刀偏值(1分)。(2)机械检测对刀仪对刀。使每把刀的刀尖与百分表测头接触,得到两个方向的刀偏量(1分)。(3)光学检测对刀仪对刀。使每把刀的刀尖对准刀镜的十字线中心,以十字线中心为基准得到每把刀的刀偏量(1分)。

56. 答:参考点是机床上的固定点(1分)。该点的位置由 Z 向与 X 向的机械挡块来确定(2分)。当进行返回参考点的操作时,安装在纵向和横向滑板上的行程开关碰到相应的挡块后,由数控系统发出信号,并控制滑板停止运动,完成返回参考点的操作(2分)。

57. 答:数控机床除基础部件外还由下列各部分组成:(1)主传动系统(1分);(2)进给系统(0.5分);(3)实现工件回转、定位的装置和附件(1分);(4)刀架自动换刀装置(0.5分);(5)辅助装置(0.5分);(6)反馈信号装置(0.5分);(7)自动托盘交换装置(0.5分);(8)CNC 装置(0.5分)。

58. 答:(1)机床热变形对加工精度的影响(1.5分);(2)工件热变形对加工精度的影响(1.5分);(3)刀具热变形对加工精度的影响(2分)。

59. 答:完整的测量过程包括被测对象、计量单位、测量方法、测量精度(2分)。被测对象指几何量,包括长度、角度、表面粗糙度、形状、位置及其他复杂零件中的几何参数等(3分)。

60. 答:利用压缩空气使切削液雾化(1分),并高速喷向切削区(1分),当微小的液滴碰到灼热的刀具,切削时便很快气化(1分),带走大量的热量(1分),从而能有效地降低切削温度(1分)。

61. 答:根据工件的装夹方式不同,可分为三种:(1)直接装夹法(2分);(2)找正装夹法(2分);(3)夹具装夹法(1分)。

62. 答:检测元件是数控机床伺服系统的重要组成部分(2分)。其作用是检测位移和速度,发送反馈信号,构成闭环控制(3分)。

63. 答:加工误差由系统误差和随机误差两大类组成(2分)。在完成零件加工的任何一道工序的加工过程中有很多误差因素在起作用,这些造成零件加工误差的因素叫原始误差(3分)。

64. 答:自动编程的目的是为了解决数控加工的高效率(2.5分)和手工编程的低效率(2.5分)之间的矛盾。

65. 答:(1)机床允许的刀具最大直径和质量(1.5分);(2)注意刀具与夹具及零件发生干涉的可能性,零件形状越复杂,此项检验越重要(1.5分);(3)零件精度越高,材料越硬,越要注意刀具寿命的控制和备用刀具的准备(2分)。

六、综合题

1. 答:(1)核算零件的几何尺寸、公差及精度要求(1.5分);(2)确定零件相对机床坐标系的装夹位置以及被加工部位所处的坐标平面(2分);(3)选择刀具并准确测定刀具的尺寸(1.5分);(4)确定工件坐标系,编程零点找正基准面及对刀参考点(2分);(5)确定加工路线(1.5分);(6)选择合理的切削用量、冷却等工艺参数(1.5分)。

2. 答:可以打开常用刀具轨迹动态模拟显示功能页面,会自动显示编程出现错误,可采用关闭伺服驱动功放开关空运行检查(4分);也可采用不装刀具、工件自动循环机床的动作过程检查(3分);也可以笔代刀自动绘出极为复杂的曲线,采用曲面轨迹的加工精度检查(3分)。

3. 答:在数控机床上改变加工对象时,除了要更换刀具和解决工件装夹方式外(2.5分),只要重新编写并输入该零件的加工程序,便可以自动加工出新的零件(2.5分),不必对机床做任何复杂的调整(2.5分),对新产品的研制开发以及产品的改进、改型提供了方便(2.5分)。

4. 答:加工程序通常由程序开始、程序内容和程序结束等三部分组成(2分)。程序开头为程序号,用作加工程序的开始标识(2分)。程序号通常由字符"％"及其后的四位数字来表示(2分)。程序结束可用辅助功能 M02(程序结束)、M30(程序结束,返回起点)等来表示(2分)。程序的主要内容由若干个程序段组成,而程序段是由一个或若干个信息字组成,每个信息字又是由地址符和数据符字母组成(2分)。

5. 答:对于一些复杂零件,特别是具有空间曲线、曲面的零件,如叶片、凸轮、复杂模具等,或者零件形状不复杂但程序量很大的零件,就必须用计算机辅助编程,即自动编程(4分)。计算机辅助编程是应用计算机代替人的劳动,利用应用软件来处理,不但减少了错误,加快了编程速度,同时提高了加工精度(3分)。自动编程主要根据编程信息的输入和计算机对信息的处理方式不同,分为语言输入式和图形交互式两类(3分)。

6. 答:转塔式刀库的缺点是刀具数量有限,常不能满足需要,常用于数控车床和小型车铣加工中心上(3分)。圆盘式刀库比转塔式刀库容纳更多的刀具,但受圆盘直径的限制一般数量不大,常用于小型立、卧式加工中心上(3分)。链式刀库和抽屉式刀库的设置具有很大的灵活性,可以最大程度节省空间,必要时可不受机床的限制而在机外独立设置,所以装刀数量较多,一般用在中、大型加工中心上(4分)。

7. 答:(1)螺纹切削中,进给速度倍率无效,进给速度被限制在 100％(2.5分);(2)螺纹切削中不能停止进给,一旦停止进给,切深便急剧增加,很危险,因此进给暂停在螺纹切削中无效(2.5分);(3)在螺纹切削程序段后的第一个非螺纹切削程序段期间,按进给暂停键或持续按该键时刀具在非螺纹切削程序段可停止(2.5分);(4)如果用单程序段进行螺纹切削,执行第一个非螺纹切削的程序段后刀具停止(2.5分)。

8. 答:加工路线是指在加工过程中刀具运动的轨迹和方向,也称走刀路线(2分)。加工路线的确定应遵循以下四点:(1)为使零件获得良好的加工精度和表面粗糙度,精加工应采用多次走刀以及顺铣,减少机床的"颤振"(2分);(2)尽量减少进、退刀时间和其他辅助时间,在点位控制的数控机床上应使走刀路线尽量短(2分);(3)选择合理的进、退刀位置,尽量避免沿零件轮廓法向切入,同时不要在进给中途停顿,以免出现接刀痕(2分);(4)车螺纹时,走刀的前后要留有切入距离 δ_1 和切出距离 δ_2,避免在进给机构的加速和减速阶段进行切削,保证主轴转速和螺距之间的速比关系(2分)。

9. 答:因为刀具总是有刀尖圆弧半径,所以在零件轮廓加工过程中刀位点运动轨迹并不是零件的实际轮廓,它们之间相差一个刀尖圆弧半径,为了使刀位点的运动轨迹与实际轮廓重合,就必须偏移一个刀尖圆弧半径,这种偏移称为刀尖圆弧半径补偿(4分)。刀尖圆弧半径补偿分为三步,即刀补的建立、刀补的执行和刀补的撤销(3分)。建立刀补的指令为 G41 和 G42,取消刀补的指令为 G40(3分)。

10. 答:FANUC 数控系统 6 是具备一般功能和部分高级功能的中级型 CNC 系统(2分),分成 6M 和 6T 两个品种,它们的硬件部分是通用的,只变更其部分软件来获得不同功能,6T 适用于数控车床,6M 适用于数控铣床和加工中心(3分)。FANUC 数控系统 6 的特点:(1)电路的可靠性高。为了提高动作的可靠性,备有数据奇偶校验、程序对比校验和时序校验等校验功能(1分)。(2)适用于高精度、高效率加工。最小脉冲当量为 1 μm,具有提高加工精度的间隙补偿、丝杠螺距误差补偿等等(1分)。(3)容易编程。具有由用户自己制作特有变量型子程序的用户宏功能(1分)。(4)容易维护保养,现场调试方便(1分)。(5)操作性好,使用安全(1分)。

11. 答:由于夹具确定了零件在机床坐标系中的位置,因而要求夹具能保证零件在机床坐标系中的正确坐标方向,同时协调零件与机床坐标系的尺寸(2分)。除此之外,主要考虑以下几点:(1)加工件批量小时,应尽量采用组合夹具及其他通用夹具(2分);(2)在成批生产时才考虑用专用夹具,但应力求结构简单(2分);(3)夹具要开敞,其定位、夹紧机构元件在加工中不能与刀具产生干涉(2分);(4)零件的装卸要方便、迅速、可靠,有条件时及批量较大的零件应采用气动和液压夹具及多工位夹具等(2分)。

12. 答:首先要分析零件图样的要求,确定合理的加工路线及工艺参数,计算刀具中心运动轨迹及其未知数据(3分);然后将全部工艺过程以及其他辅助功能按运动顺序,用规定的指令代码及程序格式编制成数控加工程序,经过调试后记录在控制介质上(3分);最后输入到数控装置中,以此控制机床完成工件的全部加工过程(3分)。因此,把从分析零件图样开始到获得正确的程序载体位置的全过程称为零件加工程序的编制(1分)。

13. 答:M03指令是使主轴或刀具顺时针旋转(1分);M04指令是使主轴或刀具逆时针旋转(1分);M05指令是使主轴或刀具停止旋转(1分)。在使用中应注意以下三点:(1)当卡爪不在夹紧状态时,主轴不能旋转(2分)。(2)齿轮没有挂在中间位置时,主轴不能旋转(2分)。(3)M04指令之后不能直接转变为M03指令,M03指令之后也不能直接转变为M04指令;要改变主轴转向必须用M05指令使主轴停转后,再使用M03或M04指令(3分)。

14. 答:工件定位的作用就是通过各种定位元件限制工件的自由度(2分)。工件在机床上或在夹具中定位,若6个自由度都被限制称为完全定位,反之称为部分定位(4分)。工件在机床上或在夹具中定位,若定位支撑点数少于工序加工要求应予以限制的自由度数,则工件定位不足,称为欠定位(4分)。

15. 答:(1)根据车削加工内容不同,选择合适类型的车刀(2.5分)。(2)根据加工材料、加工特点和加工要求,正确地选择刀具材料,合理选择车刀的几何形状和角度(2.5分)。(3)要合理选择切削用量。对切削速度、切削深度和进给量要根据具体情况综合考虑,全面衡量,恰当选择,不要单纯追求高速切削。车刀装夹时,刀杆不要从刀架伸出太长,尽可能短些。车刀刀尖应对准工件中心,刀垫要平整,要用两个紧固螺钉紧固(2.5分)。(4)车削过程中,若发现车刀磨损变钝,要及时刃磨或换刀,不能凑合着使用,以免造成刀刃崩刃或打刀(2.5分)。

16. 答:细长轴的加工特点:(1)切削中工件受热会发生变形(1分);(2)工件受切削力作用产生弯曲(1分);(3)工件高速旋转时,在离心力的作用下,加剧工件弯曲与振动(2分)。防止弯曲变形的方法:(1)用中心架支承车削细长轴(1分);(2)使用跟刀架车削细长轴,但接触压力不宜太大,压力过大会把工件车成竹节形(1.5分);(3)减少工件的热变形伸长,使用弹性顶尖,浇注充分的切削液,保持刀尖锋利(1.5分);(4)合理选择车刀的几何形状(1分);(5)反向进给,车刀从卡盘方向往尾座方向进给(1分)。

17. 答:车削梯形螺纹的方法有低速切削和高速切削两种,一般采用高速钢低速切削法加工(2分),其加工方法:(1)直进切削法:对于精度不高、螺距较小的梯形螺纹可用一把螺纹车刀垂直进刀车成。其特点是排屑困难、易扎刀、切削用量低、刀具易磨损、操作简单、螺纹牙型精度高(2分)。(2)左右切削法:对螺距大于4 mm的梯形螺纹可使用。其特点是排屑顺利、不易扎刀、采用的切削用量高、螺纹表面粗糙度较低(2分)。(3)三把车刀的直进切削法:对于螺距大于8 mm的梯形螺纹可采用。其特点是在大螺距梯形螺纹加工中运用,其他同直进切削法(2分)。(4)分层剥离法:用于螺距大于12 mm、牙槽较大而深、材料硬度较高的工件。粗车时采用分层剥离,即用成型车刀斜向进给切到一定深度后改为轴向进给。每次进给的切削深度较小而切削厚度大,切削效率高(2分)。

18. 答:$\phi = 90° - 85° = 5°$(3分)

$K_r = 75° - 5° = 70°$(3分)

$K'_r = 6° + 5° = 11°$(4分)

19. 解:已知 G96 S150,$N = 1\ 000\ V/\pi D$(1分),其中,V 为周速(m/min);D 为切削点的直径(mm)。

则:$N_a = 1\ 193$ r/min(3分)

$N_b = 795$ r/min(3分)

$N_c = 682$ r/min(3分)

答:A 点的主轴转速为 $1\ 193$ r/min,B 点为 795 r/min,C 点为 682 r/min,这样切削点的速度始终保持一致。

20. 解:已知 $L_1 = 30$ mm,$L_2 = 80$ mm,$M_1 = 0$ mm,$M_2 = +0.03$ mm,$M'_1 = 0$ mm,$M'_2 = -0.025$ mm(2分)

$$f_1 = \frac{L_1}{L_2}|M_1 - M_2| = \frac{30}{80}|0 - 0.03|\ (3分) = 0.011\ mm$$

$$f_2 = \frac{L_1}{L_2}|M'_1 - M'_2| = \frac{30}{80}|0 - (-0.025)|\ (3分) = 0.009\ 4\ mm$$

取两次测得的最大值,故 $f = f_1 = 0.011$ mm(2分)。

答:两孔轴线的平行度误差为 0.011 mm。

21. 答:如图1所示。(每个视图2.5分)

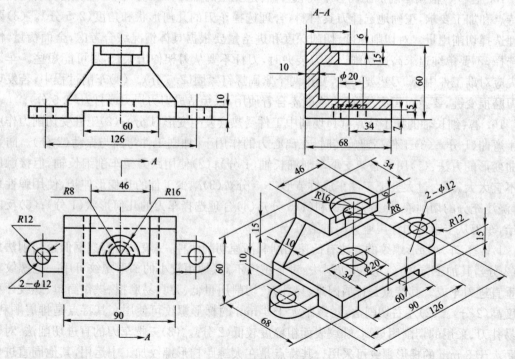

图 1

22. 答:如图 2 所示。(主视图 4 分,左视图和俯视图各 3 分)

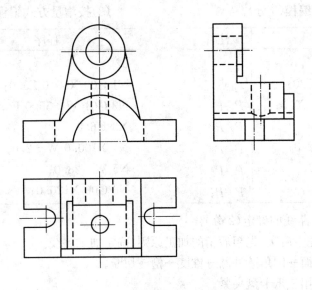

图 2

23. 答:如图 3 所示。(每个视图 5 分)

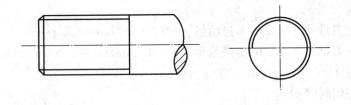

图 3

24. 答:ISO 规定:标准坐标系统用右手直角坐标系统表示,即笛卡尔坐标系(2.5 分)。X、Y、Z 是移动,A、B、C 是转动(2.5 分)。坐标系如图 4 所示(5 分)。

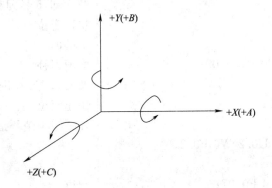

图 4

25. 答:

(1)按绝对方式编程(5分)。

程序	注释
01	
N1　G00 X90.0 Z5.0;	P_1点
N2　G01 Z－50.0 F0.3;	P_1-P_2
N3　X96.0;	P_2-P_3
N4　X100.0 Z－52.0;	P_3-P_4
N5　Z－80.0 F0.2;	P_4-P_5
N6　G00 X120.0;	P_5-P_6

(2)按增量方式编程(5分)。

程序	注释
02	
N1 G00 X90.0 Z5.0;	P_1点
N2 G01 W－55.0 F0.3;	P_1-P_2
N3 U6.0;	P_2-P_3
N4 X100.0 W－2.0;	P_3-P_4
N5 W－28.0;	P_4-P_5
N6 G00 X120.0;	P_5-P_6

26. 答:(1)加工路线的确定(2分)。

根据工件图按先主后次、先粗后精的加工原则,确定加工路线。

加工路线:车端面→倒角→外圆→锥度→槽→切断。

装夹方法:左端用三爪卡盘夹紧。

确定工件坐标系:坐标原点设在工件右端面,设换刀点为(100,100)。

(2)确定刀具(2分)。

T1:90°外圆粗车刀;T2:3 mm 切断刀;T3:30°反刀;T4:90°外圆精车刀;T5:45°偏刀。

(3)切削用量(2分)。

外圆粗车:吃刀量 a_P=0.8 mm,进给量 f=0.2 mm/r,n=800 r/min。

外圆精车:吃刀量 a_P=0.2 mm,进给量 f=0.07 mm/r,n=1 200 r/min。

切断:进给量 f=0.1 mm/r,n=800 r/min。

(4)加工程序编制(4分)。

程序	注释
0004	程序号
N10　G50 X100.0 Z100.0;	建立坐标系
N11　M03 S800;	主轴转
N12　M08 T0505;	开冷却,5 号刀补偿
N13　G00 X16.0 Z2.0;	快速定位
N14　G94 X0 Z0 F0.1;	车端面
N15　G00 X100.0 Z100.0 T0500;	取消刀补
N16　T0101;	换刀,1 号刀,进行刀具补偿
N17　G00 X13.0 Z1.0;	快速定位
N18　G71 U0.8 Z1.0;	外圆粗车循环指令
N19　G71 P110 Q210 U0.2 W0 F0.2;	
N20　G00 X5.3	
N21　G01 X8.1 Z－0.4 F0.07;	倒角
N22　Z－1.2;	外形轮廓
N23　X8.15;	

N24	Z−11.3;
N25	X9.55 W−2;
N26	X10.62 W−3;
N27	X11.2 W−2;
N28	Z−35;
N29	X14.5;
N30	W−9;
N31	M03 S1200 T0404;	换刀,4号刀,刀具补偿
N32	G70 P110 Q210;	精车
N33	G00 X100.0 Z100.0 T0100;	取消刀具补偿
N34	T0303;	换刀,30°反刀,进行刀具补偿
N35	M03 S300;	
N36	G00 X9.0 Z−1.0;	槽加工
N37	G01 X7.7 Z−1.0 F0.07;	
N38	X9.0 F0.1;	
N39	G00 X100.0 Z100.0 T0300;	返回起刀点,取消刀补
N40	T0202;	换刀,3 mm 切断刀
N41	M03 S800;	
N42	G00 X16.0 Z−44.0;	切断
N43	G01 X0 F0.1;	
N44	G00 X100.0 Z100.0 T0200;	返回起刀点,取消刀补
N45	M05;	
N46	M02;	

27. 答:(1)凹模的外形是正方形,所以必须在花盘上装夹,工件坐标系设在工件的端面上(2分)。

(2)根据图样要求计算内腔的各个节点(2分)。

$A(150,0)$;$B(148.205\ 2,−25.698)$;$C(108.239\ 6,−45)$;$D(79.160\ 8,−45)$;$E(59.440\ 6,−36.666\ 7)$;$F(28,−20.404\ 1)$;$G(20,−15.505\ 1)$;$H(20,−10)$。

(3)确定切削用量与刀具(2分)。

刀具:R4 圆头车刀

粗车:a_p=2 mm,f=0.2 mm/r

精车:a_p=0.2 mm,f=0.1 mm/r

转速:限定最高转速为 1 000 r/min,切削点切削速度始终保持 80 m/min。

(4)程序编制(4分)。

程序	注释
00005	
N010　G50 X250.0 Z150.0;	设定坐标系
N020　G50 S1000;	设定最高转速
N030　G97 G40 M08;	冷却液开
N040　G00 G42 X200.0 Z100.0 M03 T0101;	R4 圆头车刀
N050　G01 G96 X150.0 Z1.0 F1.5 S80;	恒线速度为 80 m/min
N060　G73　U0 W45.0 R20;	
N070　G73　P080 Q150 U0 W0.2 F0.2;	
N080　X150.0 Z0;	A 点
N090　G01 X148.2052 Z−25.698 F0.1;	直线插补 A-B
N100　G03 X108.2396 Z−45 R20;	圆弧插补 B-C
N110　X79.1608;	直线插补 C-D
N120　G03 X59.4406 Z−36.6667 R15;	圆弧插补 D-E
N130　G02 X28.0 Z−20.4041 R10;	圆弧插补 E-F
N140　G03 X20 Z−15.5051;	圆弧插补 F-G
N150　G01 Z−10.0;	直线插补 G-H
N160　G70　P080 Q150;	精加工
N170　G40 G00 X200.0 Z150.0 T0100;	
N180　M05;	
N190　M02;	

28. 答:(1)选择车刀。正确选择粗车刀的几何参数、精车刀的刀具角度和车刀的装夹方法(3分)。(2)正确选择蜗杆的车削方法。根据实际模数选择左右切削法、切槽法和分层切削法(3分)。(3)蜗杆精度检验。齿顶圆用游标卡尺测量,分度圆用三针或单针测量或者用齿厚游标卡尺测量(4分)。

29. 答:(1)工艺路线。

①先从右至左切削外轮廓面,其路线为:倒角→切削螺纹的实际外圆→切削锥面部分→车削 $\phi62$ mm 的外圆→倒角→车削 $\phi80$ mm 的外圆→切削圆弧部分→车削 $\phi80$ mm 外圆(2分)。

②切 3 mm×$\phi45$ mm 的槽(1分)。

③车削 M48×1.5 的螺纹(1分)。

(2)刀具选择(2分)。

根据加工要求需要选择三把刀具:一号外圆车刀,二号切槽刀,三号螺纹车刀。

(3)精加工程序(4分)。

00001

N10　G50 X200.0 Z350.0;(坐标系设定)

N20　S600 M03 T0101 M08;

N30　G00 X41.8 Z292.0;

N40　G01 X47.8 Z289.0 F0.15;

N50　U0 W－59.0;

N60　X50.0 W0;

N70　X62.0 W－60.0;

N80　U0 Z155.0;

N90　X78.0 W0;

N100　X80.0 W－1.0;

N110　U0 W－19.0;

N120　G02 U0 W－60.0 R70.0;

N130　G01 U0 Z65.0;

N140　X90.0 W0;

N150　G00 X200.0 Z350.0 M05 T0101 M09;

N160　X51.0 Z230.0 S315 M03 T0202 M08;

N170　G01 X45.0 W0 F0.16;

N180　G04 X5.0;

N190　G00 X51.0;

N200　X200.0 Z315.0 M05 T0202 M09;

N210　G00 X52.0 Z296.0 S200 M03 T0303 M08;

N220　G92 X47.2 Z231.5 F0.15;

N230　X46.6;

N240　X46.2;

N250　X45.8;

N260　G00 X200.0 Z350.0 T0303;

N270　M30;

30. 答:左端程序:

00001

G99 M03 S600;

T0101;

G00 X100. Z100.;

X84. Z2.;(2分)

G71 U1. R0.5;

G71 P1Q2 U0.3 W0.3 F0.3;

N1 G00 X0.;

G01 Z0.;

X45.97;

X49.97 Z－2.;

Z－30.;

X58.;

G02 X68. Z－35. R5.;

G01 X74. ;

X78. W−2. ;

Z−63. ;

N2 X84. ;

G70 P1Q2S900 F0. 1;(2分)

G00 X100. Z100. ;

M05;

M70;(1分)

右端程序：

00002

G99 M03 S600;

T0101;

G00 X100. Z100. ;

X84. Z2. ;(2分)

G71 U1. R0. 5;

G71 P1Q2 U0. 3 W0. 3 F0. 3;

N1 G00 X0. ;

G01 Z0. ;

X40. 85;

X44. 85 Z−2. ;

Z−34. 96;

X52. 01;

Z−45. ;

X74. ;

X78. W−2. ;

N2 X84. ;

G70 P1Q2 S900 F0. 1;(2分)

G00 X100. Z100. ;

T0202 S400;

G00 X53. Z−34. 96;

G01 X42. ;

G04 X2. ;

X53. ;

G00 X100. Z100. ;

T0303;

G00 X48. Z2. ;

G92 X44. 2 Z−32. F1. 5;

X43. 6;

X43. 1;

X43.05；

G00 X100. Z100. ；

T0100；

M05；

M30；(1分)

31. 答：左端程序：

00001

G99 M03 S600；

G00 X100. Z100. ；

X42. Z2. ；(2分)

G71 U1. R0. 5；

G71 P1Q2 U0. 3 W0. 3 F0. 3；

N1 G00 X0. ；

G01 G00 X0. ；

G01 Z0. ；

X15. 966；

G03 X25. 966 Z-5. R5. ；

G01 Z-30. 02；

X35. 98；

X37. 98 W-1. ；

Z-40. ；

N2 X42. ；

G70 P1Q2 S900 F0. 1；(2分)

G00 X100. Z100. ；

M05；

M30；(1分)

右端程序：

00002

G99 M03 S600；

T0101；

G00 X100. Z100. ；

X42. Z2. ；(2分)

G71 U1. R0. 5；

G71 P1Q2 U0. 3 W0. 3F0. 3；

N1 G00 X0. ；

G01 Z0. ；

X17. 9；

X19. 9 Z-1. ；

Z-15. ；

X20.；

Z－25.；

X21.；

Z－30.992；

G02 X29. Z－34.992 R4.；

G01 X35.98；

X37.98 W－1.；

N2 X42.；

G70 P1Q2 S900 F0.1；(2分)

G00 X100. Z100.；

T0202 S400；

G00 X22. Z2.；

G92 X19.4 Z－15. F1.；

X19.0；

X18.75；

X18.7；

X18.7；

G00 X100. Z100.；

T0100；

M05；

M30；(1分)

32.答：如图5所示(10分)。

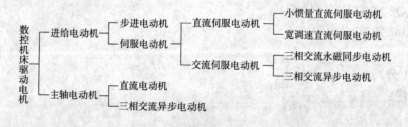

图 5

33.答：加工工件时产生的缺陷及与机床有关的因素见表1。

表 1

序号	工件产生的缺陷	与机床有关的因素
1(1分)	车削工件时圆度超差	(1)主轴前后轴承游隙过大； (2)主轴轴颈的圆度超差
2(1分)	车削圆柱形工件时产生锥度	(1)滑板移动对主轴轴线的平行度超差； (2)床身导轨面严重磨损； (3)工件装在两顶尖间加工时产生锥度是由于尾座轴线与主轴轴线不重合； (4)地脚螺丝松动,机床水平变动

续上表

序号	工件产生的缺陷	与机床有关的因素
3(1分)	精车后工件端面平面度超差	(1)中滑板移动对主轴轴线的垂直度超差; (2)滑板移动对主轴轴线的平行度超差; (3)主轴轴向窜动量超差
4(1分)	精车后工件端面圆跳支超差	主轴轴向超差
5(1.5分)	精车外圆圆周表面上出现有规律的波纹	(1)主轴上的传动齿轮齿形不良,齿部损坏或啮合不良; (2)电动机旋转不平衡而引起机床振动; (3)因为带轮等旋转零件振幅太大而引起振动; (4)主轴间隙过大或过小
6(1分)	车削螺纹时螺距精度超差	(1)丝杠的轴向窜支超差; (2)从主轴至丝杠间的传动误差过大
7(1分)	车削外圆时,工件母线直线度超差	(1)用两顶尖加工外圆时,主轴锥孔轴线和尾座顶尖套锥孔轴线对滑板移动的等高度超差; (2)滑板移动的直线度超差; (3)利用小滑板车削时,小滑板移动对主轴轴线的平行度超差
8(1.5分)	车削外圆时,表面上有混乱的波纹(振动)	(1)主轴滚动轴承滚道磨损,间隙过大; (2)主轴的轴向窜动太大; (3)大、中、小滑板的滑动表面间隙过大; (4)用后顶尖支承工件切削时,顶尖套不稳定或回转顶尖滚道磨损,间隙过大
9(1分)	钻、扩、铰孔时,工件孔径扩大或产生喇叭形	(1)主轴锥孔轴线与尾座顶尖套锥孔轴线对滑板移动的等高度超差; (2)滑板移动对尾座顶尖套锥孔轴线的平行度超差; (3)滑板移动对尾座顶尖伸出方向的平行度超差

34. 答:车床长丝杠的加工工艺见表 2。

表　2

序号	工序名称	工序内容	加工设备
1(0.5分)		下料	
2(0.5分)	热处理	正火、校直(径向圆跳动≤1.5 mm)	
3(0.5分)	车	车两端面,打中心孔	中心孔机床
4(0.5分)	车	粗车两端面和外圆	C630 型车床
5(0.5分)		冷校直(径向圆跳动≤0.36 mm)	
6(0.5分)	热处理	高温时效(径向圆跳动1 mm)	
7(0.5分)	车	打中心孔,取总长	C630 型车床
8(0.5分)	车	半精车两端面和外圆	C630 型车床
9(0.5分)		冷校直(径向圆跳动≤0.2 mm)	
10(0.5分)	磨	无心磨粗磨外圆	无心磨床
11(1分)	铣	旋风铣切螺纹	旋风铣切机
12(0.5分)		冷校直,低温时效(径向圆跳动≤0.1 mm)	
13(0.5分)	磨	无心磨精磨外圆	无心磨床
14(0.5分)	车	车两端面,修研中心孔	C630 型车床

续上表

序号	工序名称	工序内容	加工设备
15(0.5分)	车	半精车,精车各轴颈	C630 型车床
16(1分)	车	半精车螺纹,车好小径	C630 型车床
17(1分)	车	精车螺纹	C630 型车床

35. 答:在传统切削中,刀具的磨损形式主要是后刀面和侧面沟槽磨损(2分),是由于工件被加工表面和刀具的后刀面产生摩擦而导致的磨损(2分);在高速切削中,刀具的磨损形式主要是前刀面磨损(月牙洼磨损)(1分),是由于在高速切削时切削速度的加快导致切削温度上升(2分),切屑和刀具的前刀面产生热应力和化学反应(2分),从而导致热扩散磨损和化学磨损(1分)。

数控车工(高级工)习题

一、填 空 题

1. 在进行程序校验时,按下(　　)键,再按循环启动,系统执行程序,但机床主轴不动。

2. 在一些大的工件加工中,加工时间如果超过一个工作日,可以使用机床的(　　)功能,再次开机后,程序可以从断点处恢复继续加工。

3. 使用(　　)串口传输数控程序时,需要设置波特率和其他相关的参数。

4. 使用 G92 螺纹车削循环时,指令 F 后面的数字为(　　)。

5. FANUC 数控系统通电后,(　　)指令是取消刀尖圆弧半径补偿。

6. G01 X10. W20. F0. 3;X10. W20. 为(　　)。

7. 计算机辅助制造的英文缩写为(　　)。

8. Part Program 中文的意思是(　　),其含义是在自动加工中,为了使自动操作有效按某种语言或某种格式书写的顺序指令集。

9. MC 是(　　)的缩写。

10. 进给传动普通车床采用梯形螺纹丝杠,数控车床采用(　　)。

11. 数控机床中广泛使用的工作油有(　　)、润滑油两种。

12. 数控机床上使用的导轨有滑动导轨、滚动导轨及(　　)。

13. C6132 车床由床身、床头箱、变速箱、进给箱、光杆、丝杆、溜板箱、(　　)、床腿和尾架等部分组成。

14. 继电器和交流接触器都是实现(　　)的一个装置,通过信号闭合或者断开电源来控制驱动器送电或断电。

15. 退火或正火可以消除毛坯制造时的内应力,还可以改善金属的(　　)。

16. 主轴最高恒线速度控制指令,可以使加工过程中任何一点的(　　)保持一样。

17. 按照所承受载荷的不同,轴可分为转轴、(　　)和心轴。

18. 螺纹连接主要作用是防止泄漏,它是一种简便的连接方法,常用于小阀门。螺纹连接按照密封方式可分为直接密封和(　　)。

19. 螺纹传动一般有矩形螺纹传动、梯形螺纹传动、(　　)传动。

20. 设备润滑的"五定"是指定点、定质、(　　)、定期、定人。

21. 可编程控制器是一种工业控制计算机,简称(　　)。

22. 控制继电器是一种自动电器,适用于远距离接通和分断交、直流小容量控制电路,并在电力驱动系统中供控制、保护和(　　)。

23. 电气故障可分为硬件故障和软件故障两种,软件故障是指(　　)逻辑控制程序中产生的故障。

24. 按工作电源种类划分,电机可分为直流电机和(　　)。

25. 数控机床具有（　　　）、生产率高、自动化程高、劳动强度低、经济效益好、有利于现代化管理等特点。

26. 伺服电机的精度决定于（　　　）的精度。

27. 当进给系统不安装位置检测器时,该系统称为（　　　）控制系统。

28. 闭环控制的数控机床的（　　　）高,速度调节快,但工作台惯性大,系统的稳定性不易控制。

29. 半闭环控制的数控机床的（　　　）和速度较好,系统调节比闭环系统方便,稳定性好,成本比闭环系统低。

30. 在数控车床上,将回转运动转换成直线运动一般都采用滚珠丝杠螺母机构,它具有反向定位精度高的特点,预紧后可以消除（　　　）,反向无空程。

31. 切削脆性金属材料时,材料的塑性很小,在刀具前角较小、切削厚度较大的情况下,容易产生（　　　）。

32. 金属材料切削性能的好坏一般是以（　　　）钢作为基准的。

33. 球墨铸铁与灰铸铁比较,（　　　）可以经过热处理来进行强化。

34. 常用的表面淬火方法有火焰淬火和（　　　）两种。

35. 通常把淬火后再进行高温回火处理称为（　　　）,经过这种处理方式得到的是回火索氏体组织,具有良好的综合性能。

36. 将钢加热到 Ar3 或 Arm 线以上 30 ℃～50 ℃,保温一段时间后在空气中冷却的热处理方法叫作（　　　）。

37. 轴类零件的调质处理应安排在（　　　）。

38. 积屑瘤的硬度比原材料的硬度要高,可代替刀刃进行切削,提高了刀具的（　　　）。

39. 切断、车端面时,刀尖的安装位置应（　　　）,否则容易打刀。

40. 切削用量三要素对切削温度都有影响,其中影响最大的因素是（　　　）。

41. 切断刀折断的主要原因是（　　　）。

42. 由于定位方法产生的误差称为定位误差,定位误差包括基准位移误差和（　　　）误差两种。

43. 铝合金铣削的特点是强度高、硬度低、导热性好,切削速度可以很高,冷却时不能用（　　　）冷却。

44. 常用的切削液有水溶液、切削油、乳化油,其中乳化油主要起冷却作用和（　　　）作用。

45. 刀具磨损的形式分为后刀面磨损、前刀面磨损、（　　　）同时磨损三种。

46. 车外圆时,增大（　　　）可使背向力减小,进给力增大。

47. 常温下刀具材料的硬度应在（　　　）以上。

48. 表面涂层材料具有很高的硬度和耐磨性、耐（　　　）,与未涂层的刀具相比,涂层刀具允许采用较高的切削速度,从而提高了切削加工效率;在相同的切削速度下,涂层刀具寿命更长。

49. 组合夹具根据定位和夹紧方式的不同可分槽和孔系两大类,这两类组合夹具各有（　　　）个规格。

50. 轴类零件用双中心孔定位能消除（　　　）个自由度。

51. 夹紧力三要素是夹紧力方向、大小、作用点,其中夹紧力的方向应尽可能与（　　　）方向一致。

52. 在普通车床用三爪卡盘夹工件外圆车内孔,车后发现内孔与外圆不同轴,原因是(   )。

53. 中心孔有 A 型不带护锥、B 型带护锥和 C 型带螺孔三种,对精度要求较高、工序较多的工件一般选用(   )。

54. 为保证定位基准的质量,对精密丝杠、精密轴类零件的两端中心孔需经(   )且与机床回转顶尖接触良好。

55. 通常夹具的制造误差应是工件在该工序中允许误差的(   )。

56. 工件在装夹过程中产生的误差称为装夹误差,装夹误差包括夹紧误差和(   )两种。

57. 车床常用的夹紧机构有三爪卡盘、四爪卡盘、(   )、钢球拨动顶尖、专用夹具。

58. 奥氏体不锈钢在温度高达(   )时仍不降低其力学性能,使切削加工困难。

59. 加工纯铜件采用(   )刀具效果较好,主要原因是刀具硬度高、耐磨性好,能够修磨出锋利的刃口,刀面和铝、铜的摩擦系数低,亲和力低,使刀具的寿命更高。

60. 刃磨高速钢刀具时选用氧化铝砂轮,刃磨硬质合金刀具时选用(   )砂轮。

61. 可转位车刀由刀杆、夹紧机构、刀片和(   )组成。

62. 可转位车刀刀片型号根据国际规定,用一给定顺序位置排列组成,共有(   )号位。

63. 机夹可转位车刀刀片型号规格中,"S"表示(   )。

64. 机夹可转位车刀刀杆型号中,R 表示车刀的切削方向为(   )。

65. FANUC 系统中,子程序结束指令是(   ),即使子程序返回到主程序。

66. 子程序与主程序内容不同,程序的结构组成是(   )的。

67. 西门子 802D 系统允许的子程序嵌套次数是(   )次。

68. 程序段"G90 X60.0 Z−35.0 R−5.0 F3.0"中,R 为工件被加工锥面大小端半径差,其值为(   )mm,方向为正。

69. FANUC 数控车床系统中的每分钟的进给量,这一功能是通过(   )代码来实现的。

70. G94 X(U)_ Z(W)_ R_ F_指令的功能是实现端面切削循环和带锥度的端面切削循环,其中 R 表示端面切削始点至切削终点位移在 Z 轴方向的(   )。

71. G70 是精加工循环指令,在"G70 P50 Q100 F30"程序段中,Q100 表示指定(   )。

72. G74 是排屑钻端面循环指令,在孔循环下面的程序段"G74 Z−12 Q5 F30 S250"中,Q 表示刀具每次的(   )。

73. G41 的含义是沿着(   )方向看,刀具在工件的左侧。

74. 数控机床宏程序一般分两大类:一类叫用户宏程序,另一类叫(   )。

75. 用户宏程序又分两大类:局部变量和公共变量,在 FANUC 系统中编程人员可以使用的局部变量范围是(   )。

76. 在数控系统中,如有 $X^2 = A^2 + B^2$,请用逻辑运算表达式表示 C 开平方的运算公式:(   )。

77. 在程序段"#1=6;WHILE #1 LT [12] G01 X=2×#1 Z=−[#1×#1/12]+3;#1=#1+0.1;ENDW"中,程序最终执行了(   )次。

78. 在程序段"#1=6;WHILE #1 LT [12];G01 X=2×#1 Z=−[#1×#1/12]+3;#1=#1+0.1;ENDW"中,X 方向每次的变化量为(   )。

79. 在程序段"#1=6;WHILE #1 LE [12];G01 X=2×#1 Z=-[#1×#1/12]+3;#1=#1+0.1;ENDW"中,LE 的含义是(　　　)。

80. 在程序段"#1=6;N10 X=2×#1 Z=-[#1×#1/12]+3;#1=#1+0.1"中,IF LE [12] GOTO 10 是(　　　)。

81. 在程序段"#2=0;N10 #3=SQRT[20×20-#2×#2]-#1 #4=SQRT[20×20-#2×#2]-#1"中,SQRT 的含义是(　　　)。

82. 标准椭圆的参数方程为(　　　)。

83. 在西门子系统数控车床程序编制中,CYCLE97 是(　　)切削循环指令。

84. 在数控机床上,如果以太网接口处的指示灯闪动,说明以太网络连接(　　　)。

85. 在车床上进行深孔精加工的方法有深孔镗刀镗削、(　　　)、滚压深孔。

86. 半精镗后进行(　　　)的深孔加工,由于铰刀块浮动,刀块能自动对中,导向性良好。

87. 铰孔是取得较高精度的孔尺寸和粗糙度的方法,铰出的孔呈多角形的原因有:铰前底孔不圆;铰孔时铰刀发生弹跳;铰削余量太大和铰刀刃口不锋利、铰削时产生(　　　)。

88. 钻相交孔时,应先(　　　)。

89. 深孔钻削解决排屑问题可以采用的方式有:(　　　)、高压内排屑、喷吸钻、深孔钻套。

90. 尺寸链就是研究机械产品尺寸之间的相互关系,它能使机械产品既能满足精度和技术要求,又具有良好的经济性。尺寸链具有两个特点:(　　　)和相关性。

91. 尺寸链中(　　　)等于各组成环公差之和。

92. 使用千分尺时先要检查其零位是否校准,因此先松开锁紧装置,清除油污,特别是测砧与测微螺杆间接触面要清洗干净,检查微分筒的端面是否与固定套管上的(　　　)线重合。

93. 使用百分表时要将测量面和测杆保持(　　　),测头要轻轻地接触测量物或方块规;测量圆柱形产品时,测杆轴线与产品直径方向一致。

94. 配合分为过盈配合、(　　　)、间隙配合三种。

95. (　　　)简称公差,是指最大极限尺寸减最小极限尺寸之差,或上偏差减下偏差之差。它是容许尺寸的变动量。

96. 跳动可分为圆跳动和(　　　)。

97. H8/g7 的含义是(　　　)。

98. 在机械和仪器制造工业中,零、部件的互换性是指在同一规格的一批零件或部件中,任取其一,不需任何挑选或附加修配就能装在机器上,达到规定的性能要求,包括几何参数和(　　　)的互换两种。

99. 目前国家标准将公差等级分为(　　　)级,即 IT01、IT0、IT1~IT18。

100. 表面粗糙度是零件加工表面具有的较小间距和微小峰谷不平度,它的评定参数包括:轮廓算数平均偏差 R_a、(　　　)、轮廓最大高度 R_y 三种。

101. 误差可以分为系统误差、偶然误差和人为误差,其中(　　　)误差是不可避免的。

102. 测量螺纹中径可以使用(　　　)。

103. 孔和轴公差带之间的不同关系决定了孔和轴结合的松紧程度,可以用间隙或(　　　)来表示。

104. 尺寸基准按尺寸基准性质可分为设计基准、(　　　)。

105. 刀具左偏置是沿刀具前进方向看向左偏离一个刀具的(　　　)。

106. 采用恒线速度切削功能,可以更好地保证加工工件表面的( )。

107. 螺纹指令"G92 X41.0 W−43.0 F1.5"中 F1.5 的含义是( )。

108. 宏程序中 EQ 运算符含义为( )。

109. 接近工件的旋转中心时,主轴转速会越来越( )。

110. 对刀的过程就是建立( )与机床坐标系之间关系的过程。

111. G02 指令表示刀具以( )方向从圆弧轮廓起点切削运动到终点。

112. 在程序段"DIAMON G90 G01 X40 Z−80 F0.4"中,X40 表示的是( )尺寸。

113. 在 FANUC 数控系统中,G50 除了具有坐标系设定功能外,还有( )设定功能。

114. 在圆弧插补中,I、K 为( )。

115. 为确保加工工件的轮廓形状,加工时刀具刀尖圆弧的圆心运动轨迹不能与被加工工件轮廓重合,而应与工件轮廓偏置一个半径值,这种偏置称为( )。

116. 进给速度的进给量单位用( )指定。

117. 在 FANUC 系统中,( )表示进给速度与主轴速度无关的每分钟进给量,单位为 mm/min。

118. 在 FANUC 系统中,( )表示与主轴速度有关的主轴每转进给量,单位为 mm/r。

119. 车刀按照用途一般分为外圆车刀、端面车刀、切断刀、内孔车刀、圆头车刀和( )等。

120. 车刀切削部分由两刃三面组成,两刃为主切削刃、副切削刃,三面为前刀面、后刀面、( )面。

121. 车削螺纹必须通过主轴的( )运行功能而实现,即车削螺纹需要有主轴脉冲发生器。

122. 粗车时,首先考虑选择一个尽可能大的( ),其次选择较大的进给量,最后确定一个合适的切削速度。

123. 在数控车削加工所用的硬质合金刀片上常采用( )槽,以增大切削范围,改善切削性能。

124. 由于数控车床具有直线和圆弧插补功能,所以可以车削任意直线和曲线组成的形状复杂的( )零件。

125. 车削中心是以( )为基本体,并在其基础上进一步增加动力铣、钻、镗,以及副主轴的功能,使车件需要二次、三次加工的工序在车削中心上一次完成。

126. 在数控车床中,"G50 X100. Z200."的含义为( )。

127. 刀具磨钝标准通常都按( )的磨损值来制定。

128. 在程序段"R10 = 16;R20 = 90;AAA;G01X = R10 × COS(R20)Y = R10 × SIN(R20);R20 = R20 + 0.5;IF R20 < = 270 GOTOB AAA"中,GOTOB 的 B 表示的含义是( )。

129. 偏心工件的加工原理是把需要加工偏心部分的轴线找正到与车床主轴旋转轴线( )。

130. 目前机床导轨中应用最普遍的导轨型式是( )。

131. 车床主轴轴向窜动,影响最大的形位公差是( )。

132. 当剖切平面通过由回转面形成的孔或凹坑的轴线时,这些结构应按( )绘制。

133. 在基准制的选择中应优先选用（　　　）。

134. 带传动是利用（　　　）作为中间挠性件,依靠带与带轮之间的摩擦力或啮合来传递运动和动力。

135. 轴承合金应具有的性能之一是（　　　）。

136. 在程序段"IF R1＝1 GOTOB MA1；IF R1＝2 GOTOF MA2"中,GOTOF 的含义是（　　　）。

137. 链传动是由链条和具有特殊齿形的链轮组成的（　　　）和动力的传动。

138. 碳素工具钢和合金工具钢用于制造中、低速（　　　）刀具。

139. 在宏程序编制中,IF R1＜＞1 的含义是（　　　）。

140. M19 是主轴准停指令,使用本指令将使主轴定向停止,可以确保主轴停止的方位和装刀标记方位一致。在大部分加工中心系统中,M19 包含在（　　　）这个换刀指令中,因此不需要另外给定。

141. G32 代码是（　　　）切削功能,是 FANUC6T 数控车床系统的基本功能。

142. G65 代码是 FANUC OTE—A 数控车床系统中的调用（　　　）功能。

143. M02 功能代码常用于程序复位及卷回纸带到"程序（　　　）"字符。

144. 当主轴需要改变旋转（　　　）时,要先用 M05 代码停止主轴旋转,然后再规定 M03 或 M04 代码。

145. 为便于编程,需建立一个工件坐标系。工件坐标系可由（　　　）指令设定。

146. 算术表达式和条件跳转语句的宏语句被读入缓冲器后立刻就被处理,所以,在执行宏语句时不一定按照所指定的（　　　）执行。

147. 在程序段"N10 G0G90＃5＝84－SQRT[60×60－＃3×＃3]；G0X[＃5＋＃1]Y90；Z[45.5－＃3]G01Y120；G0Z20；＃3＝＃3－0.35；IF [＃3 GE 45.5]GOTO 10"中,GE 的含义是（　　　）。

148. 在程序段"R20＝0；AAA：G01X＝－791/2－200＋150×COS(R20)Y＝325＋50×SIN(R20)；R20＝R20＋0.3；IF R20＜＝90 GOTOB AAA"中,当 R20＝90 时 X 的坐标值为（　　　）。

149. 在 SIEMENS 802D 数控系统中,CYCLE95 指令是（　　　）,它会根据精加工路线和给定的切削参数自动确定粗加工的加工路线,它可以进行纵向和横向的加工,也可以进行内外轮廓的加工,还可以进行粗加工和精加工。

150. 宏程序中 NE 运算符含义为（　　　）。

151. 图样中螺纹的底径线用（　　　）绘制。

152. 装配图的读图方法,首先看（　　　）了解部件的名称。

153. 公差代号 H7 的孔和代号（　　　）的轴组成过渡配合。

154. 牌号为 45 的钢的含碳量为百分之（　　　）。

155. 画螺纹连接图时,剖切面通过螺栓、螺母、垫圈等轴线时,这些零件均按（　　　）绘制。

156. 一对相互啮合的齿轮,其模数、（　　　）必须相等才能正常传动。

157. 数控车床中,目前数控装置的脉冲当量一般为（　　　）。

158. 工艺基准除了测量基准、装配基准以外,还包括（　　　）。

159. 零件加工时选择的定位粗基准可以使用（　　　）。

160. 车床上的卡盘、中心架等属于(　　)夹具。

161. 工件的定位精度主要靠(　　)来保证。

162. 切削用量中(　　)对刀具磨损的影响最大。

163. 刀具上切屑流过的表面称为(　　)。

164. 配合代号 H6/f5 应理解为(　　)配合。

165. 标准麻花钻的顶角 ϕ 的大小为(　　)。

166. 传动螺纹一般都采用(　　)。

167. 热继电器在控制电路中起的作用是(　　)。

168. 数控机床有不同的运动方式,需要考虑工件与刀具相对运动关系及坐标方向,采用(　　)的原则编写程序。

169. 数控机床面板上 JOG 是指(　　)。

170. 数控车床的开机操作步骤应该是(　　)。

171. 精车时加工余量较小,为提高生产率应选用较大的(　　)。

172. 闭环控制系统的位置检测装置安装在(　　)。

173. 影响已加工表面的表面粗糙度大小的刀具几何角度主要是(　　)。

174. 数控机床面板上,AUTO 是指(　　)。

175. 含碳量小于(　　)的钢称为低碳钢。

176. 调质处理是指(　　)和高温回火相结合的一种工艺。

177. 铸铁的(　　)较好。

178. 将图样中所表示的物体部分结构用大于原图形所采用的比例画出的图形称为(　　)。

179. 对设备进行局部解体和检查,由操作者每周进行一次的保养是(　　)。

180. 限位开关在电路中起的作用是(　　)。

181. 刀具路径轨迹模拟时,必须在(　　)方式下进行。

182. 在自动加工过程中出现紧急情况,可按(　　)键中断加工。

183. 机床操作面板上用于程序更改的键是(　　)。

184. 车普通螺纹,车刀的刀尖角应等于(　　)。

185. 进行轮廓铣削时,应避免(　　)切入和退出工件轮廓。

186. 按数控系统的控制方式分类,数控机床分为开环控制数控机床、(　　)、闭环控制数控机床。

187. 数控车床的默认加工平面是(　　)平面。

188. 圆弧插补方向顺时针和逆时针的规定与(　　)有关。

189. 在 CRT/MDI 面板的功能键中,显示机床现在位置的键是(　　)。

二、单项选择题

1. 在直角三角形中,以下已知条件(　　)不能求解三角形。
(A)一角一边　　(B)两角一边　　(C)三个角　　(D)三条边

2. 车削工件材料为中碳钢的普通内螺纹,计算孔径尺寸的近似公式为(　　)。
(A)$D_孔=d-p$　　(B)$D_孔=d-1.05p$

(C)$D_\text{孔}=d-1.082\,5p$　　　　　　　　　　(D)$D_\text{孔}=d-1.15p$

3. 交换齿轮的啮合间隙应保持在(　　　)之间,以减小噪声和防止损坏齿轮。

(A)0.1~0.15 mm　　　　　　　　　　(B)0.01~0.05 mm

(C)0.1~0.5 mm　　　　　　　　　　(D)0.01~0.15 mm

4. 乱牙盘应装在车床的(　　　)上。

(A)床鞍　　　　　(B)刀架　　　　　(C)溜板箱　　　　　(D)进给箱

5. 切削速度达到(　　　)以上时,积屑瘤不会产生。

(A)70 m/min　　　(B)30 m/min　　　(C)150 m/min　　　(D)50 m/min

6. 车床上的传动丝杠是(　　　)螺纹。

(A)梯形　　　　　(B)三角　　　　　(C)矩形　　　　　(D)锯齿

7. 一个尺寸链的环数至少有(　　　)个。

(A)2　　　　　　(B)3　　　　　　(C)4　　　　　　(D)5

8. 评定零件表面轮廓算术平均偏差的参数是(　　　)值。

(A)R_a　　　　　(B)R_x　　　　　(C)R_y　　　　　(D)R_z

9. 硬质合金焊接车刀的耐用度为(　　　)。

(A)40 min　　　　(B)50 min　　　　(C)60 min　　　　(D)70 min

10. 高速钢钻头的耐用度为(　　　)。

(A)60~80 min　　　　　　　　　　(B)80~120 min

(C)120~140 min　　　　　　　　　　(D)140~160 min

11. 下列不是模态指令的是(　　　)。

(A)G91　　　　　(B)G81　　　　　(C)G04　　　　　(D)G02

12. 下列不是零点偏置指令的是(　　　)。

(A)G55　　　　　(B)G57　　　　　(C)G54　　　　　(D)G53

13. 所谓联机诊断是指(　　　)的诊断。

(A)运转条件下　　　　　　　　　　(B)停机状态下

(C)停电状态下　　　　　　　　　　(D)加工状态下

14. 下列不属于安全规程的是(　　　)。

(A)安全技术操作规程　　　　　　　　(B)产品质量检验规程

(C)工艺安全操作规程　　　　　　　　(D)岗位责任制和交接班制

15. 用游标卡尺或千分尺测量工件的方法叫(　　　)。

(A)直接测量　　　　(B)间接测量　　　　(C)相对测量　　　　(D)动态测量

16. 由人读数、记录或计算的错误所造成的误差叫(　　　)。

(A)随机误差　　　(B)计算误差　　　(C)粗大误差　　　(D)系统误差

17. 机床以工作速度运转时,主要零部件的几何精度叫(　　　)。

(A)制造精度　　　(B)运动精度　　　(C)传动精度　　　(D)动态精度

18. 在相同的工艺条件下,加工一批零件时产生大小和方向不同且无变化规律的加工误差叫(　　　)。

(A)系统误差　　　(B)变值误差　　　(C)随机误差　　　(D)常值误差

19. 液压传动是利用液体作为工作介质来传递(　　　)。

(A)压力　　　　　(B)动力　　　　　(C)动能　　　　　(D)动作

20. 基轴制间隙配合的孔是(　　)。

(A)A-H　　　　　(B)Js-N　　　　　(C)P-ZC　　　　　(D)A-H

21. 卸载回路属于(　　)回路。

(A)方向控制　　　(B)速度控制　　　(C)压力控制　　　(D)流量控制

22. 液压油的黏度受温度的影响(　　)。

(A)较小　　　　　(B)无影响　　　　(C)较大　　　　　(D)不一定

23. 在加工表面刀具和切削用量中的切削速度和进给量都不变的情况下,所连续完成的那部分工艺过程称为(　　)。

(A)工步　　　　　(B)工序　　　　　(C)工位　　　　　(D)进给

24. 在要求运动平稳、流量均匀、压力脉动小的中、低压液压系统中,应选用(　　)。

(A)CB 型齿轮泵　　(B)YB 型叶片泵　　(C)轴向柱塞泵　　(D)径向柱塞泵

25. 液压系统中的油缸属于(　　)。

(A)动力部分　　　(B)执行部分　　　(C)控制部分　　　(D)辅助部分

26. 在液压系统中,节流阀的作用是控制油液在管道内的(　　)。

(A)流动方向　　　(B)流量大小　　　(C)流量速度　　　(D)压力大小

27. 当液压油中混入空气将引起执行元件在低速下(　　)。

(A)产生"爬行"　　(B)产生振动　　　(C)无承载能力　　(D)产生噪声

28. 机床照明灯应选(　　)电压供电。

(A)220 V　　　　 (B)110 V　　　　 (C)36 V　　　　　(D)12 V

29. 两个电阻 R_1 和 R_2 并联,其总电阻为(　　)。

(A)R_1+R_2　　(B)$\dfrac{1}{R_1+R_2}$　　(C)$\dfrac{R_1+R_2}{R_1 \cdot R_2}$　　(D)$\dfrac{R_1 \cdot R_2}{R_1+R_2}$

30. 公法线千分尺用于测量模数等于或大于(　　)的直齿和斜齿外啮合圆柱齿轮的公法线长度及偏差变动量。

(A)0.5 mm　　　　(B)1 mm　　　　 (C)2 mm　　　　　(D)1.5 mm

31. 为确定和测量车刀的几何角度,需要假想三个辅助平面,即(　　)作为基准。

(A)已加工表面、待加工表面、切削表面　　(B)基面、剖面、切削平面

(C)基面、切削平面、过渡表面　　　　　　(D)基面、主切削面、副切削面

32. 刀具(　　)的优劣主要取决于刀具切削部分的材料、合理的几何形状以及刀具寿命。

(A)加工性能　　　(B)工艺性能　　　(C)切削性能　　　(D)物理性能

33. 尺寸精确程度随公差等级数字的增大而依次(　　)。

(A)不变　　　　　(B)增大　　　　　(C)降低　　　　　(D)不定

34. 加工工件时,一般将其尺寸控制到(　　)较为合理。

(A)平均尺寸　　　　　　　　　　　(B)最大极限尺寸

(C)最小极限尺寸　　　　　　　　　(D)基本尺寸

35. (　　)热处理方式,目的是改善切削性能,消除内应力。

(A)调质　　　　　(B)回火　　　　　(C)退火或正火　　(D)退火

36. H54 表示(　　)后要求硬度为 HRC52~57。

(A)高频淬火　　　(B)火焰淬火　　　(C)渗碳淬火　　　(D)中频淬火

37. 钢材经( )后,由于硬度和强度成倍增加,因此造成切削力很大,切削温度高。
(A)正火　　　(B)回火　　　(C)淬火　　　(D)退火

38. 对于铸锻件,粗加工前需进行( )处理,消除内应力,稳定金相组织。
(A)正火　　　(B)调质　　　(C)时效　　　(D)淬火

39. 精车轴向直廓蜗杆(又称阿基米德渐开线蜗杆),装刀时车刀两切削刃组成的平面应与齿面( )。
(A)水平　　　(B)平行　　　(C)相切　　　(D)相割

40. 轴类零件最常用的毛坯是( )。
(A)铸铁和铸钢件　　　(B)焊接件
(C)棒料和锻件　　　(D)型钢

41. 用卡盘装夹悬伸较长的轴,容易产生( )误差。
(A)圆柱度　　　(B)圆度　　　(C)母线直线度　　　(D)锥度

42. 滚轮滚压螺纹的精度要比搓板滚压的精度( )。
(A)低　　　(B)高　　　(C)相同　　　(D)不稳定

43. 车削多头蜗杆的第一条螺旋槽时,应验证( )。
(A)导程　　　(B)螺距　　　(C)分头误差　　　(D)齿厚

44. 螺纹精车可采用三针测量法检验( )精度。
(A)中径　　　(B)齿厚　　　(C)螺距　　　(D)导程

45. 车削细长轴,要使用中心架或跟刀架来增加工件的( )。
(A)刚性　　　(B)强度　　　(C)韧性　　　(D)硬度

46. 使用跟刀架必须注意支承爪与工件的接触压力不宜过大,否则将会把工件车成( )。
(A)竹节形　　　(B)椭圆形　　　(C)锥形　　　(D)腰鼓形

47. 正确选择( ),对保证加工精度、提高生产率、降低刀具的损耗和合理使用机床起着很大的作用。
(A)刀具几何角度　　　(B)切削用量
(C)工艺装备　　　(D)加工方法

48. 由于定位基准和设计基准不重合而产生的加工误差,称为( )。
(A)基准误差　　　(B)基准位移误差
(C)基准不重合误差　　　(D)定位误差

49. 轴在两顶尖间装夹,限制了五个自由度,属于( )定位。
(A)完全　　　(B)部分　　　(C)重复　　　(D)过

50. 重复定位是用两个以上定位点重复消除( )自由度。
(A)一个　　　(B)两个
(C)两个或两个以上　　　(D)三个或三个以上

51. 工件放置在长V形架上定位时,限制了四个自由度,属于( )定位。
(A)部分　　　(B)完全　　　(C)重复　　　(D)欠

52. 用"两销一面"定位,两销指的是( )。

　　(A)两个短圆柱销　　　　　　　　　(B)短圆柱销和短圆锥销

　　(C)短圆柱销和削边销　　　　　　　(D)短圆柱销和长圆柱销

53. 工件的(　　)个不同自由度都得到限制,工件在夹具中只有唯一的位置,这种定位称为完全定位。

　　(A)六　　　　　　　(B)五　　　　　　　(C)四　　　　　　　(D)三

54. 选择粗基准时,应选择(　　)的表面。

　　(A)任意　　　　　　　　　　　　　(B)比较粗糙

　　(C)加工余量小或不加工　　　　　　(D)加工量最大

55. 必须保证所有加工表面都有足够的加工余量,保证零件加工表面和不加工表面之间具有一定的位置精度,满足这两个基本要求的基准称为(　　)。

　　(A)精基准　　　　　(B)粗基准　　　　　(C)工艺基准　　　　(D)设计基准

56. 夹具中的(　　)装置用于保持工件定位后的位置在加工过程中不变。

　　(A)定位　　　　　　(B)夹紧　　　　　　(C)辅助　　　　　　(D)调整

57. 设计夹具,定位元件的公差可粗略地选择为工件公差的(　　)左右。

　　(A)1/5　　　　　　(B)1/3　　　　　　(C)1/2　　　　　　(D)3/4

58. 在螺纹基本直径相同的情况下,球形端面夹紧螺钉的许用夹紧力(　　)平头螺钉的许用夹紧力。

　　(A)等于　　　　　　(B)大于　　　　　　(C)小于　　　　　　(D)可大于亦可小于

59. 车削加工应尽可能用工件(　　)作定位基准。

　　(A)已加工表面　　　(B)过渡表面　　　　(C)不加工表面　　　(D)基准面

60. 工件因外形或结构等因素使装夹不稳定,这时可采用增加(　　)的办法来提高工件的装夹刚性。

　　(A)定位装置　　　　(B)辅助定位　　　　(C)工艺撑头　　　　(D)夹紧装置

61. 夹具的误差计算不等式:$\Delta_{定位}+\Delta_{装夹}+\Delta_{加工}\leqslant\delta_工$,它是保证工件(　　)的必要条件。

　　(A)加工精度　　　　(B)定位精度　　　　(C)位置精度　　　　(D)尺寸精度

62. 偏心夹紧机构夹紧力的大小与偏心轮转角 γ 有关,当 γ 为(　　)时,其夹紧力为最小值。

　　(A)45°　　　　　　(B)90°　　　　　　(C)180°　　　　　　(D)270°

63. 在花盘上加工工件时,花盘平面只允许(　　)。

　　(A)平整　　　　　　　　　　　　　(B)微凸

　　(C)微凹　　　　　　　　　　　　　(D)成一定角度的斜面

64. 被加工工件的轴线与主要定位基准面夹角为 α 时,应选择角度为(　　)的角铁。

　　(A)180°−α　　　　(B)90°−α　　　　(C)α　　　　　　(D)90°+α

65. 车削不锈钢材料选择切削用量时,应选择(　　)。

　　(A)较低的切削速度和较小的进给量　　(B)较低的切削速度和较大的进给量

　　(C)较高的切削速度和较小的进给量　　(D)较高的切削速度和较大的进给量

66. 两顶尖支承工件车削外圆时,刀尖移动轨迹与工件回转轴线间产生(　　)误差,影响工件素线的直线度。

　　(A)直线度　　　　　(B)平行度　　　　　(C)等高度　　　　　(D)斜度

67. 使用小锥度心轴精车外圆时,刀具要锋利,( )分配要合理,防止工件在小锥度心轴上"滑动转圈"。

(A)进给量   (B)背吃刀量   (C)刀具角度   (D)进给速度

68. 车削薄壁零件的关键是( )问题。

(A)刚度   (B)强度   (C)变形   (D)塑性

69. 采用专用软卡爪和开缝套筒合理地装夹薄壁零件,使( )均匀地分布在薄壁工件上,从而达到减小变形的目的。

(A)切削力   (B)夹紧力   (C)弹性变形   (D)工件振动

70. 有一对外啮合标准直齿圆柱齿轮,已知周节 $P=12.56$,$a=250$ mm,传动比 $i=4$,小齿轮数为25,大齿轮齿数为( )。

(A)30   (B)25   (C)120   (D)100

71. 单位切削力的大小,主要决定于( )。

(A)车刀角度   (B)被加工材料强度
(C)走刀量   (D)吃刀深度

72. 车削导程 $L=6$ mm 的三头螺纹,如果用小拖板分度法分头,已知车床小拖板刻度每格为 0.05 mm,分头时小拖板应转过( )。

(A)120 格   (B)40 格   (C)30 格   (D)60 格

73. 如车削偏心距 $e=2$ mm 的工件,在三爪卡盘上垫入 3 mm 厚的垫片进行试切削,试切削后其实测偏心距为 0.06 mm,则正确的垫片厚度应该为( )。

(A)3.09 mm   (B)2.94 mm   (C)3 mm   (D)2.91 mm

74. 滚花时压力太大容易造成( )。

(A)乱扣   (B)乱纹   (C)疲劳   (D)变形

75. 薄壁工件不能用( )夹紧的方法。

(A)轴向和径向   (B)轴向   (C)径向   (D)随意

76. 车削细长轴时产生"竹节"形的主要原因是( )。

(A)工件向外让刀   (B)跟刀架的卡爪压得过紧
(C)走刀不匀   (D)工件受切削热伸长

77. 在三爪卡盘上车削偏心工件,一般适用于加工精度要求不高、偏心距在( )以下的短偏心工件。

(A)20 mm   (B)15 mm   (C)10 mm   (D)5 mm

78. 加工螺纹时螺距不正确的原因是由于( )不对。

(A)装刀位置   (B)手柄位置   (C)刀具角度   (D)挂轮

79. 主切削力消耗切削总功率的( )左右。

(A)75%   (B)85%   (C)95%   (D)80%

80. 抛光加工工件表面( )提高工件的相互位置精度。

(A)不能   (B)稍能   (C)能够   (D)不一定

81. 车床上使用专用装置车削偶数正 n 边形工件时,装刀数量等于( )。

(A)n (B)$n/2$ (C)$2n$ (D)$1/4n$

82. 使用专用装置车削正八边形零件时,装刀数量为四把,且每把刀伸出刀盘的长度（   ）。

    (A)相等   (B)不相等   (C)没具体要求   (D)不一定

83. 加工曲柄轴颈及扇形板开档,为增加刚性,使用中心架偏心套支承有助于保证曲柄轴颈的（   ）。

    (A)圆柱度   (B)轮廓度   (C)圆度   (D)角度

84. 在花盘的角铁上加工工件,为了避免旋转偏重而影响工件精度,因此（   ）。

    (A)必须用平衡铁平衡   (B)转速不宜过高

    (C)切削用量应选得小些   (D)吃刀深度不能太大

85. 与卧式车床相比,立式车床的主要特点是主轴轴线（   ）于工作台。

    (A)水平   (B)垂直   (C)倾斜   (D)随意调整

86. 加工薄壁工件时,应设法（   ）装夹接触面。

    (A)减小   (B)增大   (C)避免   (D)无所谓

87. 深孔加工的关键技术是:（   ）。

    (A)深孔钻的几何形状和冷却、排屑问题   (B)刀具在内部切削,无法观察

    (C)刀具细长、刚性差、磨损快   (D)刀具细长,宜折断

88. 加工直径较小的深孔时,一般采用（   ）。

    (A)枪孔钻   (B)喷吸钻

    (C)高压内排屑钻   (D)群钻

89. 枪孔钻刀柄上的 V 形槽是用来（   ）。

    (A)减小阻力的   (B)增加刀柄强度的

    (C)排屑的   (D)进入冷却液的

90. 喷吸钻的钻头和外套管是用（   ）连接的。

    (A)焊接   (B)多线矩线螺纹

    (C)花键   (D)斜楔

91. 找正工件侧面素线时,若工件本身有锥度,找正时应扣除（   ）锥度值。

    (A)一个   (B)一半   (C)2 倍   (D)0

92. 测得偏心距为 2 mm 的偏心轴两外圆最低点的距离为 5 mm,则两外圆的直径差为（   ）。

    (A)7 mm   (B)10 mm   (C)14 mm   (D)20 mm

93. 在三爪自定心卡盘上车削偏心工件时,应在一个卡爪上垫一块厚度为（   ）偏心距的垫片。

    (A)1 倍   (B)1.5 倍   (C)2 倍   (D)2.2 倍

94. 在三爪自定心卡盘的一个卡爪上垫一个 6 mm 的垫片,车削后的外圆轴线将偏移（   ）。

    (A)3 mm   (B)4 mm   (C)6 mm   (D)8 mm

95. 在三爪自定心卡盘上车削偏心套时,测得偏心距大了 0.06 mm,应（   ）。

    (A)将垫片修掉 0.09 mm   (B)将垫片加厚 0.09 mm

    (C)将垫有垫片的卡爪紧一些   (D)将垫有垫片的卡爪松一些

96. 在两顶尖间测量偏心距时,百分表上指示出的最大值与最小值（   ）就等于偏心距。

(A)之差　　　　　　(B)之和　　　　　　(C)差的一半　　　　(D)和的一半

97.用偏心工件作为夹具(　　)加工偏心工件。

(A)能　　　　　　　(B)不能　　　　　　(C)不许　　　　　　(D)无任何要求

98.在四爪单动卡盘上加工偏心工件时(　　)划线。

(A)一定要　　　　　　　　　　　　　　(B)不必要

(C)视加工要求决定是否要　　　　　　　(D)无所谓

99.深孔加工,为了引导钻头对准中心,在工件上必须钻出合适的(　　)。

(A)导向孔　　　　　(B)定位孔　　　　　(C)工艺孔　　　　　(D)排屑孔

100.车同轴线孔时采用同一进给方向是提高孔(　　)精度的有效措施。

(A)平行度　　　　　(B)圆柱度　　　　　(C)同轴度　　　　　(D)直线度

101.车延长渐开线蜗杆装刀时,车刀两侧切削刃组成的平面应与(　　)。

(A)齿面垂直　　　　(B)齿面平行　　　　(C)齿面相切　　　　(D)齿面重合

102.蜗杆的齿形为法向直廓,装刀时应把车刀左右切削刃组成的平面旋转一个(　　),即垂直于齿面。

(A)压力角　　　　　(B)齿形角　　　　　(C)导程角　　　　　(D)90°

103.精密丝杠不仅要准确地传递运动,而且还要传送一定的(　　)。

(A)力　　　　　　　(B)力矩　　　　　　(C)转矩　　　　　　(D)转动惯量

104.(　　)是引起丝杠产生变形的主要因素。

(A)内应力　　　　　(B)材料塑性　　　　(C)自重　　　　　　(D)切削力

105.数控机床就是通过计算机发出各种指令来控制机床的伺服系统和其他执行元件,使机床(　　)加工出所需要的工件。

(A)自动　　　　　　(B)半自动　　　　　(C)手动配合　　　　(D)联动

106.有能力完成一定范围内的若干种加工操作的数控机床设备称为(　　)。

(A)数控中心　　　　(B)加工中心　　　　(C)操作中心　　　　(D)联合中心

107.车削圆柱形工件产生(　　)的原因主要是机床主轴中心线对导轨平行度超差。

(A)锥度　　　　　　(B)直线度　　　　　(C)圆柱度　　　　　(D)平行度

108.机床中滑板导轨与主轴中心线(　　)超差,将造成精车工件端面时产生中凸或中凹现象。

(A)平面度　　　　　(B)垂直度　　　　　(C)直线度　　　　　(D)平行度

109.车孔时用滑板刀架进给,床身导轨的直线度误差大,将使加工后孔的(　　)超差。

(A)直线度　　　　　(B)圆柱度　　　　　(C)同轴度　　　　　(D)平面度

110.精车内外圆时,主轴的轴向窜动影响加工表面的(　　)。

(A)同轴度　　　　　(B)直线度　　　　　(C)表面粗糙度　　　(D)平行度

111.机床主轴的(　　)精度是由主轴前后两个双列向心短圆柱滚子轴承来保证的。

(A)间隙　　　　　　(B)轴向窜动　　　　(C)径向跳动　　　　(D)圆跳动

112.车床前后顶尖的等高度误差,当用两顶尖支承工件车削外圆时,影响工件(　　)。

(A)素线的直线度　　　　　　　　　　　(B)圆度

(C)锥度　　　　　　　　　　　　　　　(D)平行度

113.机床丝杠的轴向窜动会导致车削螺纹时(　　)的精度超差。

(A)螺距　　　　　(B)导程　　　　　(C)牙型　　　　　(D)全长

114. 车床上加工螺纹时,主轴径向圆跳动对工件螺纹产生(　　)误差。

(A)内螺距　　　　(B)单个螺距　　　　(C)螺距累积　　　　(D)导程

115. 为消除主轴锥孔轴线径向圆跳动检验时检验棒误差对测量的影响,可将检验棒相对主轴每隔(　　)插入一次进行检验,其平均值就是径向圆跳动误差。

(A)90°　　　　　(B)180°　　　　　(C)270°　　　　　(D)360°

116. 检查床身导轨在垂直平面内的直线度时,由于车床导轨中间部分使用机会多,因此规定导轨中部只允许(　　)。

(A)凸起　　　　　(B)凹下　　　　　(C)平直　　　　　(D)可凸、可凹

117. 导轨在垂直平面内的(　　)通常用方框水平仪进行检验。

(A)平行度　　　　(B)垂直度　　　　(C)直线度　　　　(D)倾斜度

118. 如用检验芯棒能自由通过同轴线的各孔,则表明箱体的各孔(　　)符合要求。

(A)平行度　　　　(B)对称度　　　　(C)同轴度　　　　(D)直线度

119. 用带有检验圆盘的测量芯棒插入孔内,着色法检验圆盘与端面的接触情况,即可确定孔轴线与端面的(　　)误差。

(A)垂直度　　　　(B)平面度　　　　(C)圆跳动　　　　(D)平行度

120. 对于空心轴的圆柱孔,应采用(　　)锥度的圆柱度,以提高定心精度。

(A)1∶5　　　　(B)1∶100　　　　(C)1∶500　　　　(D)1∶50

121. 用右偏刀从外缘向中心进给车端面,若床鞍未紧固,车出的表面会出现(　　)。

(A)振纹　　　　　(B)凸面　　　　　(C)凹面　　　　　(D)螺旋线

122. 圆柱母线与工件轴线的(　　)是通过刀架移动的导轨和带着工件转动的主轴轴线的相互位置来保证的。

(A)直线度　　　　(B)圆柱度　　　　(C)平行度　　　　(D)同轴度

123. 超精加工(　　)上道工序留下来的形状误差和位置误差。

(A)不能纠正　　　(B)能完全纠正　　　(C)能纠正较少　　　(D)不一定纠正

124. 对于配合精度要求较高的圆锥工件,在工厂中一般采用(　　)方法检验。

(A)圆锥量规涂色　　　　　　　　　(B)游标量角器

(C)角度样板　　　　　　　　　　　(D)尺寸测量法

125. 标准公差共划分(　　)个等级。

(A)18　　　　　(B)20　　　　　(C)22　　　　　(D)28

126. 车床主轴轴线与床鞍导轨平行度超差会引起加工工件外圆的(　　)超差。

(A)圆度　　　　　(B)圆跳动　　　　(C)圆柱度　　　　(D)直线度

127. 工件外圆的圆度超差与(　　)无关。

(A)主轴前、后轴承间隙过大　　　　(B)主轴轴颈的圆度误差过大

(C)主轴的轴向窜动　　　　　　　　(D)机床加工系统的振动

128. 主轴的轴向窜动太大时,工件外圆表面上会有(　　)波纹。

(A)混乱的振动　　(B)有规律的　　　(C)螺旋状　　　　(D)环线

129. 车床传动链中,传动轴弯曲或传动齿轮、蜗轮损坏会在加工工件外圆表面的(　　)上出现有规律的波纹。

(A)轴向　　　　　(B)圆周　　　　　(C)端面　　　　　(D)径向

130. 加工工件外圆圆周表面上出现有规律的波纹,与(　　　)有关。

(A)主轴间隙　　　　　　　　　　　(B)主轴轴向窜动

(C)溜板滑动表面　　　　　　　　　(D)刀具振动

131. 精车工件端面时,平面度超差与(　　　)无关。

(A)主轴轴向窜动　　　　　　　　　(B)床鞍移动对主轴轴线的平行度

(C)床身导轨　　　　　　　　　　　(D)夹具精度

132. 精车大平面工件时,在平面上出现螺旋状波纹与车床(　　　)有关。

(A)主轴后轴承　　　　　　　　　　(B)中滑板导轨与主轴轴线的垂直度

(C)车床传动链中传动轴与传动齿轮　(D)主轴前轴承

133. 车螺纹时,螺距精度达不到要求与(　　　)无关。

(A)丝杠的轴向窜动　　　　　　　　(B)传动链间隙

(C)主轴轴颈圆度　　　　　　　　　(D)主轴轴向窜动

134. 变换(　　　)外的手柄可以使光杠得到各种不同的转速。

(A)主轴箱　　　　(B)溜板箱　　　　(C)交换齿轮箱　　　(D)进给箱

135. 主轴的旋转运动通过交换齿轮箱、进给箱、丝杠或光杠溜板箱的传动使刀架做(　　　)进给运动。

(A)曲线　　　　　(B)直线　　　　　(C)圆弧　　　　　(D)直线或曲线

136. (　　　)的作用是把主轴旋转运动传送给进给箱。

(A)主轴箱　　　　(B)溜板箱　　　　(C)交换齿轮箱　　　(D)进给箱

137. 车床的丝杠是用(　　　)润滑的。

(A)浇油　　　　　(B)溅油　　　　　(C)油绳　　　　　(D)油脂杯

138. 车床外露的滑动表面一般采用(　　　)润滑。

(A)浇油　　　　　(B)溅油　　　　　(C)油绳　　　　　(D)油脂杯

139. 进给箱内的齿轮和轴承,除了用齿轮溅油法进行润滑外,还可用(　　　)润滑。

(A)浇油　　　　　(B)弹子油杯　　　(C)油绳　　　　　(D)油脂杯

140. 车床尾座中、小滑板摇动手柄转动轴承部位一般采用(　　　)润滑。

(A)浇油　　　　　(B)弹子油杯　　　(C)油绳　　　　　(D)油脂杯

141. 弹子油杯润滑(　　　)至少加油一次。

(A)每周　　　　　(B)每班次　　　　(C)每天　　　　　(D)每三天

142. 车床交换齿轮箱的中间齿轮等部位一般用(　　　)润滑。

(A)浇油　　　　　(B)弹子油杯　　　(C)油绳　　　　　(D)油脂杯

143. 粗加工时,切削液应选用以冷却为主的(　　　)。

(A)切削油　　　　(B)混合油　　　　(C)乳化液　　　　(D)硫化油

144. 车床类分为 10 个组,其中(　　　)代表落地及卧式车床组。

(A)3　　　　　　(B)6　　　　　　(C)9　　　　　　(D)8

145. YG8 硬质合金,牌号中的数字 8 是表示(　　　)含量的百分数。

(A)碳化钨　　　　(B)钴　　　　　　(C)碳化钛　　　　(D)铬

146. 加工铸铁等脆性材料时,应选用(　　　)类硬质合金。

(A)钨钛钴　　　(B)钨钴　　　(C)钨钛　　　(D)钨钴或钨钛

147. 粗车 HT150 时,应选用牌号为( )的硬质合金刀具。

(A)YT15　　　(B)YG3　　　(C)YG8　　　(D)YG5

148. 前角增大能使车刀( )。

(A)刃口锋利　　　(B)切削费力　　　(C)排屑不畅　　　(D)刃口变钝

149. 车削( )材料时,车刀可选择较大的前角。

(A)软　　　(B)硬　　　(C)脆性　　　(D)韧性

150. 减小( )可以细化工件的表面粗糙度。

(A)主偏角　　　(B)副偏角　　　(C)刀尖角　　　(D)刃倾角

151. 车铸、锻件的大平面时,宜选用( )。

(A)偏刀　　　(B)45°偏刀　　　(C)75°左偏刀　　　(D)90°偏刀

152. 为了增加刀头强度,断续粗车时采用( )值的刃倾角。

(A)正　　　(B)零　　　(C)负　　　(D)零或负

153. 用一夹一顶装夹工件时,若后顶尖轴线不在车床主轴轴线上会产生( )。

(A)振动　　　　　　　　(B)锥度

(C)表面粗糙度达不到要求　　　　　　　　(D)圆弧

154. 粗车时为了提高生产率,选用切削用量时应首先取较大的( )。

(A)背吃刀量　　　(B)进给量　　　(C)切削速度　　　(D)转速

155. 用高速钢刀具车削时应降低( ),保持车刀的锋利,减小表面粗糙度值。

(A)切削速度　　　(B)进给量　　　(C)背吃刀量　　　(D)转速

156. 在切断工件时,切断刀切削刃装得低于工件轴线使前角( )。

(A)增大　　　(B)减小　　　(C)不变　　　(D)可能减小

157. 为了使切断时排屑顺利,切断刀卷屑槽的长度必须( )切入深度。

(A)大于　　　(B)等于　　　(C)小于　　　(D)大于或等于

158. 切断实芯工件时,切断刀主切削刃必须装得( )工件轴线。

(A)高于　　　(B)等高于　　　(C)低于　　　(D)等高或低于

159. 切断刀的前角取决于( )。

(A)工件材料　　　(B)工件直径　　　(C)刀宽　　　(D)刀高

160. 小锥度心轴的锥度一般为( )。

(A)1:1 000~1:5 000　　　　　　　　(B)1:4~1:5

(C)1:20　　　　　　　　(D)1:16

161. 较大直径的麻花钻的柄部材料为( )。

(A)低碳钢　　　(B)优质碳素钢　　　(C)高碳钢　　　(D)结构钢

162. 直柄麻花钻的直径一般小于( )。

(A)12 mm　　　(B)14 mm　　　(C)15 mm　　　(D)16 mm

163. 用高速钢钻头钻铸铁时,切削速度比钻中碳钢( )。

(A)稍高些　　　(B)稍低些　　　(C)相等　　　(D)低很多

164. 麻花钻的顶角增大时,前角( )。

(A)减小　　　(B)不变　　　(C)增大　　　(D)不确定

165. 钻孔的公差等级一般可达(　　)级。

(A)IT7～IT9　　　　(B)IT11～IT12　　　　(C)IT14～IT15　　　　(D)IT15 以上

166. 为了保证孔的尺寸精度,铰刀尺寸最好选择在被加工孔公差带(　　)左右。

(A)上面 1/3　　　　(B)下面 1/3　　　　(C)中间 1/3　　　　(D)1/3

167. 车孔后的表面粗糙度可达 R_a(　　)。

(A)0.8～1.6 μm　　(B)1.6～3.2 μm　　(C)3.2～6.3 μm　　(D)6.3 μm 以上

168. 车孔的公差等级可达(　　)级。

(A)IT14～IT15　　(B)IT11～IT12　　(C)IT7～IT8　　(D)IT8～IT10

169. 在车床上钻孔时,钻出的孔径偏大的主要原因是钻头的(　　)。

(A)后角太大　　　　　　　　　(B)两主切削刃长度不等

(C)横刃太长　　　　　　　　　(D)机床精度较差

170. 普通麻花钻的横刃斜角由(　　)的大小决定。

(A)前角　　　　(B)后角　　　　(C)顶角　　　　(D)刃倾角

171. 用百分表检验工件端面对轴线的垂直度时,若端面圆跳动量为零,则垂直度误差(　　)。

(A)为零　　　　(B)不为零　　　　(C)不一定为零　　　　(D)不能确定

172. 米制圆锥的号码愈大,其锥度(　　)。

(A)愈大　　　　(B)愈小　　　　(C)不变　　　　(D)不确定

173. 公制工具圆锥的锥度为(　　)。

(A)1：20　　　　(B)1：16　　　　(C)1：5　　　　(D)1：10

174. 圆锥管螺纹的锥度是(　　)。

(A)1：20　　　　(B)1：5　　　　(C)1：16　　　　(D)1：10

175. 用螺纹千分尺可测量外螺纹的(　　)。

(A)大径　　　　(B)小径　　　　(C)中径　　　　(D)螺距

176. 检验精度高的圆锥面角度时,常采用(　　)测量。

(A)样板　　　　　　　　　　　(B)圆锥量规

(C)游标万能角度尺　　　　　　(D)千分尺

177. 检验一般精度的圆锥面角度时,常采用(　　)测量。

(A)千分尺　　　　　　　　　　(B)圆锥量规

(C)游标万能角度尺　　　　　　(D)正弦规

178. 车圆锥面时,若刀尖装得高于或低于工件中心,则工件表面会产生(　　)误差。

(A)圆度　　　　(B)双曲线　　　　(C)尺寸精度　　　　(D)表面粗糙度

179. 精度等级相同的锥体,圆锥母线愈长,其角度公差值(　　)。

(A)愈大　　　　　　　　　　　(B)愈小

(C)和母线短的相等　　　　　　(D)不变

180. 被测量工件尺寸公差为 0.03～0.10 mm,应选用(　　)。

(A)千分尺　　　　　　　　　　(B)0.02 mm 游标卡尺

(C)0.05 mm 游标卡尺　　　　　(D)合尺

181. 孔、轴配合时,在(　　)情况下形成最大间隙。

(A)实际尺寸的轴和最小尺寸的孔　　　　(B)最大尺寸的轴和最小尺寸的孔

(C)最小尺寸的轴和最大尺寸的孔　　　　(D)最大尺寸的轴和最大尺寸的孔

182. 一般精度的螺纹用(　　)测量其螺距。

(A)游标卡尺　　　　(B)钢直尺　　　　(C)螺距规　　　　(D)螺纹千分尺

183. 车螺纹时产生扎刀和顶弯工件的原因是(　　)。

(A)车刀径向前角太大　　　　(B)车床丝杠和主轴有窜动

(C)车刀装夹不正确,产生半角误差　　　　(D)刀架有窜动

184. 米制梯形螺纹牙槽底宽 W(最大刀头宽)的计算公式是(　　)。

(A)$W=0.366P-0.536A_c$　　　　(B)$W=0.366P$

(C)$W=0.5P$　　　　(D)$W=0.536A_c$

185. 车螺纹时应适当增大车刀进给方向的(　　)。

(A)前角　　　　(B)后角　　　　(C)刀尖角　　　　(D)主偏角

186. 螺纹升角是指螺纹(　　)处的升角。

(A)外径　　　　(B)中径　　　　(C)内径　　　　(D)外径或中径

187. 粗车圆球进刀的位置应(　　)。

(A)一次比一次远离圆球中心线　　　　(B)一次比一次靠近圆球中心线

(C)在离中心线 2 mm 处　　　　(D)在离球边缘 2 mm 处

188. 粗车圆球时,要将球面的形状车正确,中滑溜板的进给速度必须(　　)。

(A)由慢逐步加快　　　　(B)由快逐步变慢

(C)慢速　　　　(D)快速

189. 车削球形手柄时,为了使柄部与球面连接处轮廓清晰,可用(　　)车削。

(A)切断刀　　　　(B)圆形成形刀　　　　(C)45°车刀　　　　(D)偏刀

190. 圆形成型刀的主切削刃应比圆形成型刀的中心(　　)。

(A)高　　　　(B)低　　　　(C)等高　　　　(D)不一定

191. 经过精车以后的工件表面,如果还不够光洁,可以用砂布进行(　　)。

(A)研磨　　　　(B)抛光　　　　(C)修光　　　　(D)砂光

192. 为了确保安全,在车床上锉削成型面时应(　　)握锉刀柄。

(A)左手　　　　(B)右手　　　　(C)双手　　　　(D)随便

193. 滚花开始时,必须用较(　　)的进给压力。

(A)大　　　　(B)小　　　　(C)轻微　　　　(D)均匀

194. 球面形状检验一般采用(　　)。

(A)样板检验　　　　(B)外径千分尺　　　　(C)游标卡尺　　　　(D)卡钳

三、多项选择题

1. 金属的工艺性能包括(　　)。

(A)铸造性　　　　(B)锻造性　　　　(C)焊接性　　　　(D)切削加工性

2. 主轴回转误差主要的表现形式是(　　)。

(A)圆度　　　　(B)径向圆跳动　　　　(C)轴向窜动　　　　(D)角度摆动

3. 车刀前角大小取决于(　　)。

(A)切削速度　　　　　　　　　　　　(B)工件材料

(C)切削深度和进给量　　　　　　　　(D)刀具材料

4. 钻削深孔刀具有(　　)。

(A)麻花钻　　　　　　　　　　　　　(B)扁钻

(C)外排屑单刃深孔钻　　　　　　　　(D)内排屑单刃深孔钻

5. 工艺尺寸链由(　　)组成。

(A)增环　　　　　(B)封闭环　　　　(C)减环　　　　　(D)组成环

6. 工件磨削烧伤后的颜色多为(　　)等。

(A)黄　　　　　　(B)褐　　　　　　(C)青　　　　　　(D)紫

7. 金属材料的力学性能包括(　　)。

(A)强度　　　　　(B)硬度　　　　　(C)塑性　　　　　(D)冲击韧性

8. 在下列钢的牌号中,属于优质碳素结构钢的有(　　)。

(A)10F　　　　　(B)20Mn　　　　　(C)45 号钢　　　　(D)T8

9. 国家标准规定了 28 个基本偏差代号,下列属于间隙配合的基本偏差代号的有(　　)。

(A)B　　　　　　(B)F　　　　　　(C)G　　　　　　(D)K

10. 影响冷作硬化的因素主要有(　　)。

(A)工件材料　　　(B)刀具　　　　　(C)操作者　　　　(D)切削用量

11. 工艺基准包括(　　)。

(A)测量基准　　　(B)装配基准　　　(C)定位基准　　　(D)设计基准

12. 下列属于啮合传动的是(　　)。

(A)链传动　　　　(B)带传动　　　　(C)齿轮传动　　　(D)螺旋转动

13. 下列关于滚珠丝杠螺母副的说法,正确的是(　　)。

(A)通过预紧可消除轴向间隙　　　　　(B)通过预紧可提高轴向高度

(C)不能自锁　　　　　　　　　　　　(D)适当的预紧力应为最大的轴负载

14. 按数控系统的控制方式分类,数控机床分为(　　)。

(A)开环控制数控机床　　　　　　　　(B)闭环控制数控机床

(C)点位控制数控机床　　　　　　　　(D)半闭环控制数控机床

15. 与 G00 指令一组的是(　　)。

(A)G01　　　　　(B)G02　　　　　(C)G03　　　　　(D)G04

16. 下列属于切削液作用的是(　　)。

(A)冷却　　　　　(B)润滑　　　　　(C)提高切削速度　(D)清洗

17. 根据工艺的不同,钢的热处理方法可分为(　　)。

(A)退火　　　　　(B)正火　　　　　(C)淬火　　　　　(D)回火

18. 前角增大能使车刀(　　)。

(A)刀口锋利　　　(B)切削省力　　　(C)排屑顺利　　　(D)加快磨损

19. 机床的型号反映出机床的(　　)。

(A)类型　　　　　　　　　　　　　　(B)主要技术参数

(C)使用与结构特性　　　　　　　　　(D)主要规格

20. 蜗杆精度的检验方法有(　　)。

(A)三针测量　　　　(B)双针测量　　　　(C)单针测量　　　　(D)齿厚测量

21. 获得加工零件相互位置精度主要由(　　)来保证。

(A)刀具精度　　　　(B)机床精度　　　　(C)夹具精度　　　　(D)工件安装精度

22. 下列对装配基准的说法,错误的是(　　)。

(A)装配基准是虚拟的　　　　　　　　(B)装配基准和定位基准是同一概念

(C)装配基准真实存在　　　　　　　　(D)装配基准与设计基准一定重合

23. 液压系统常见的故障表现形式有(　　)等。

(A)噪声　　　　(B)油温过低　　　　(C)油温过高　　　　(D)爬行

24. 用车床加工的工件在以内孔定位时,常采用的定位元件有(　　)。

(A)刚性心轴　　　　(B)小锥度心轴　　　　(C)弹性心轴　　　　(D)液压塑性心轴

25. 精车法向直廓蜗杆时,车刀两侧刀刃组成的平面与齿面不会(　　)。

(A)平行　　　　(B)垂直　　　　(C)重合　　　　(D)相切

26. 数控车床工作精度检验的项目有(　　)。

(A)外圆车削　　　　(B)断面车削　　　　(C)螺纹车削　　　　(D)综合试件车削

27. 数控机床的故障可分为(　　)。

(A)机械故障　　　　　　　　(B)电气故障

(C)自诊断信息故障　　　　　　(D)故障出现无报警

28. 在液压传动中,负载运动速度大小不取决于(　　)。

(A)流体压力 P　　　　　　(B)流量 Q

(C)负载 F　　　　　　(D)流体压力 P 和流量 Q

29. 影响数控车床加工精度的因素很多,包括(　　)。

(A)将绝对编程改为增量编程　　　　(B)正确选择车刀类型

(C)控制刀尖中心高度差　　　　(D)减小刀尖圆弧半径对加工的影响

30. 刀具半径尺寸补偿指令的起点不能写在(　　)程序段中。

(A)G00　　　　(B)G02　　　　(C)G01　　　　(D)G03

31. 一对相互啮合的齿轮,其(　　)必须相等才能正常传动。

(A)齿数比　　　　(B)齿形角　　　　(C)分度圆直径　　　　(D)模数

32. 下列符合着装整洁文明生产要求的是(　　)。

(A)按规定穿戴好防护用品　　　　(B)工作中对服装不作要求

(C)遵守安全技术操作规程　　　　(D)执行规章制度

33. 加工铸铁等脆性材料时,不应选用(　　)类硬质合金。

(A)钨钴钛　　　　(B)钨钴　　　　(C)钨钛　　　　(D)钨钒

34. 液压系统的工作压力不取决于(　　)。

(A)泵的额定压力　　　　　　(B)泵的流量

(C)压力表　　　　　　(D)外负载

35. 刀具路径轨迹模拟时,不能在(　　)方式下进行。

(A)点动　　　　(B)快点　　　　(C)自动　　　　(D)手摇脉冲

36. 在自动加工过程中,出现紧急情况可按(　　)键中断加工。

(A)复位　　　　(B)急停　　　　(C)进给保持　　　　(D)三者均可

37. 程序校验与首件试切的作用是(　　)。

(A)检查机床是否正常

(B)提高加工质量

(C)检验程序是否正确及零件的加工精度是否满足图纸要求

(D)检验参数是否正确

38. 切削力可分解为(　　)。

(A)主切削力　　　　(B)切削抗力　　　　(C)进给抗力　　　　(D)副切削力

39. 采用固定循环编程,不能做到的是(　　)。

(A)加快切削速度,提高加工质量　　　　(B)缩短程序的长度,减少程序所占内存

(C)减少换刀次数,提高切削速度　　　　(D)减少吃刀深度,保证加工质量

40. 按滤芯的材料和结构形式的不同,滤油器可分为(　　)等。

(A)网式　　　　(B)线隙式　　　　(C)纸芯式　　　　(D)烧结式

41. 溢流阀的作用主要是(　　)。

(A)溢流　　　　(B)稳压　　　　(C)限压　　　　(D)保护

42. 加大前角能(　　),从而降低切削力。

(A)增加切屑变形　　　　(B)使车刀锋利

(C)减少切屑变形　　　　(D)减轻切屑与前刀面的摩擦

43. 一般安排在毛坯制造之后的热处理是(　　)。

(A)退火　　　　(B)正火　　　　(C)淬火　　　　(D)回火

44. 数控系统中,(　　)指令在加工过程中不是模态的。

(A)G01、F　　　　(B)G27、G28　　　　(C)G04　　　　(D)M02

45. 液压泵按额定压力的高低可分为(　　)。

(A)超高压泵　　　　(B)中压泵　　　　(C)低压泵　　　　(D)高压泵

46. 车床工在工作中还应做到"三紧",即(　　)。

(A)领口紧　　　　(B)袖口紧　　　　(C)下摆紧　　　　(D)鞋带紧

47. 下列不属于数控车床车削螺纹防止乱扣的措施的是(　　)。

(A)选择正确的螺纹刀具　　　　(B)正确安装螺纹刀具

(C)选择合理的切削参数　　　　(D)每次在同一个 Z 轴位置开始切削

48. 可作渗碳零件的钢材是(　　)。

(A)8 号钢　　　　(B)20 号钢　　　　(C)40Cr　　　　(D)55 号钢

49. 刀具的磨损方式有(　　)。

(A)后刀面磨损　　　　(B)前刀面磨损

(C)前后刀面同时磨损　　　　(D)刀柄磨损

50. 车孔的关键技术是解决(　　)问题。

(A)车刀的刚性　　　　(B)排屑　　　　(C)效率　　　　(D)冷却

51. 机床常用的润滑方式有(　　)。

(A)浇油　　　　(B)溅油

(C)油绳、油泵循环润滑　　　　(D)弹子油杯、黄油杯润滑

52. 电动机转速超过设定值的原因分析包括(　　)。

(A)主轴电动机电枢部分故障   (B)主轴控制板故障

(C)机床参数设定错误   (D)伺服电动机故障

53. 指定 G41 或 G42 指令在含有( )指令的程序段中才能生效。

(A)G00   (B)G01   (C)G02   (D)G03

54. 在数控编程中,用于刀具半径补偿的指令是( )。

(A)G40   (B)G41   (C)G42   (D)G43

55. 指令 G02 X_Y_R_可用于加工( )。

(A)1/4 圆   (B)1/2 圆   (C)3/4 圆   (D)整圆

56. 切削用量的三个参数是( )。

(A)背吃刀量   (B)切削速度

(C)进给速度   (D)不能确定,是随机状态

57. 返回机床参考点的作用不包括( )。

(A)消除丝杠螺距间隙   (B)消除工作台面反向间隙

(C)建立机床坐标系   (D)建立工件坐标系

58. 三爪卡盘装夹,车偏心工件不适宜于( )的生产要求。

(A)单件或小批量   (B)精度要求高

(C)长度较短   (D)偏心距较小

59. 刀具切削部分由( )组成。

(A)前刀面   (B)主后刀面、副后刀面

(C)主切削刃   (D)副切削刃

60. 几何形状误差包括( )。

(A)表面波纹度   (B)宏观几何形状误差

(C)表面不平度   (D)微观几何形状误差

61. 采取数控车床加工的零件不应该是( )。

(A)单一零件   (B)中小批量、形状复杂

(C)大批量   (D)型号多变

62. 百分表的示值范围通常有( )。

(A)0～3 mm   (B)0～10 mm   (C)0～5 mm   (D)0～15 mm

63. 加工一般金属材料用的高速钢,常用牌号为( )。

(A)GrMn   (B)9SiCr   (C)W18Cr4V   (D)W6Mo5CrV2

64. 配合代号由( )组成。

(A)孔的公差带代号   (B)轴的公差带代号

(C)基本尺寸与孔的公差带代号   (D)基本尺寸与轴的公差带代号

65. 孔的精度主要有( )。

(A)垂直度   (B)圆度   (C)同轴度   (D)圆柱度

66. 应用刀具半径补偿时,如刀补值设置为负值,则刀具轨迹是( )。

(A)右补变左补   (B)右补   (C)左补   (D)左补变右补

67. 微处理器主要由( )组成。

(A)存储器   (B)控制器   (C)运算器   (D)总线

68. 刀具补偿有( )。

(A)长度补偿　　　(B)半径补偿　　　(C)高度补偿　　　(D)直径补偿

69. 下列没有违反安全操作规程的是( )。

(A)自己制订生产工艺　　　　　　(B)贯彻安全生产规章制度

(C)加强法制观念　　　　　　　　(D)执行国家安全生产的法令、规定

70. 人体的触电方式分( )两种。

(A)电击　　　　　(B)电吸　　　　　(C)电伤　　　　　(D)电摔

71. 下列测量中,不属于间接测量的是( )。

(A)用千分表测外径　　　　　　　(B)用光学比较仪测外径

(C)用内径百分表测内径　　　　　(D)用游标卡尺测两孔中心距

72. 数控机床由( )组成。

(A)输出装置　　　(B)输入装置　　　(C)伺服系统　　　(D)机床本体

73. 加工细长轴时,减少工件热变形的必要措施是( )。

(A)使用弹性顶尖　　　　　　　　(B)连续浇注冷却液

(C)减少切削热　　　　　　　　　(D)保持车刀锐利

74. 车削( )时,车刀可选择较大的前角。

(A)软材料　　　　(B)硬材料　　　　(C)塑性材料　　　(D)脆性材料

75. 六个基本视图中,最常用的三个视图是( )。

(A)主　　　　　　(B)俯　　　　　　(C)左　　　　　　(D)右

76. 电路起火不能用( )灭火。

(A)水　　　　　　(B)油　　　　　　(C)干粉灭火器　　(D)泡沫灭火器

77. 在质量检验中要坚持"三检"制度,即( )。

(A)自检　　　　　(B)互检　　　　　(C)专职检　　　　(D)首检

78. 下列论述中,正确的是( )。

(A)对于轴,从 n-zc 基本偏差为下偏差,且为正值

(B)基本偏差的数值与公差等级均无关

(C)与基准轴配合的孔,A-H 间隙配合,P-ZC 过盈配合

(D)对于轴的基本偏差,从 a-h 为上偏差 es,且为负值或零

79. 常用车刀的材料有( )。

(A)高速钢　　　　(B)低碳钢　　　　(C)高碳钢　　　　(D)硬质合金钢

80. 下列措施不符合安全用电的是( )。

(A)火线不必进开关　　　　　　　(B)电器设备要有绝缘电阻

(C)使用手电钻不准戴绝缘手套　　(D)移动电器不需接地保护

81. 操作者熟练掌握使用设备技能,达到"四会",即( )。

(A)会检查、会排除故障　　　　　(B)会使用、会保养

(C)会使用、会修理　　　　　　　(D)会检查、会管理

82. 砂轮的特性由( )等因素决定。

(A)磨料、粒度　　(B)结合剂　　　　(C)硬度　　　　　(D)组织

83. 在车削加工中心上可以( )。

(A)进行铣削加工   (B)进行钻孔

(C)进行螺纹加工   (D)进行磨削加工

84.滚珠丝杠预紧的目的是(　　)。

(A)增加阻尼比,提高抗振性   (B)消除轴向间隙

(C)提高传动刚度   (D)加大摩擦力,使系统能自锁

85.计算机数控系统的优点包括(　　)。

(A)利用软件灵活改变数控系统功能,柔性高

(B)充分利用计算机技术及其外围设备增强数控系统功能

(C)数控系统功能靠硬件实现,可靠性高

(D)系统性能价格比高,经济性好

86.对材料进行调质处理能使工件获得较好的(　　)方面的综合机械性能。

(A)强度   (B)塑性   (C)韧性   (D)硬度

87.散发热量的主要途径有(　　)。

(A)切屑   (B)工件   (C)刀具   (D)周围介质

88.滚动导轨的缺点是(　　)。

(A)动、静摩擦系数很接近   (B)结构复杂

(C)对脏物较敏感   (D)成本较高

89.在开环系统中,下列因素中的(　　)会影响重复定位精度。

(A)丝杠副的配合间隙   (B)丝杠副的接触变形

(C)轴承游隙变化   (D)各摩擦副中摩擦力的变化

90.采用经济型数控系统的机床具有的特点是(　　)。

(A)采用步进电动机伺服系统   (B)CPU可采用单片机

(C)只配备必要的数控功能   (D)必须采用闭环控制系统

91.数控机床的优点有(　　)。

(A)加工精度高、生产效率高   (B)工人劳动强度低

(C)可加工复杂型面   (D)减少工装费用

92.直线感应同步器类型有(　　)。

(A)标准型   (B)窄型   (C)带型   (D)三重型

93.下列伺服电动机中,没有换向器的电动机是(　　)。

(A)永磁宽调速直流电动机   (B)永磁同步电动机

(C)反应式步进电动机   (D)混合式步进电动机

94.按用途不同,螺旋传动可分为(　　)。

(A)传动螺旋   (B)调整螺旋   (C)滚动螺旋   (D)滑动螺旋

95.硬质合金的特点是耐热性好,切削效率高,但刀片(　　)不及工具钢,焊接刃磨工艺较差。

(A)韧性   (B)耐热性   (C)强度   (D)耐磨性

96.关于"局部视图",下列说法正确的是(　　)。

(A)对称机件的视图可只画一半或四分之一,并在对称中心线的两端画出两条与其垂直的平行细实线

(B)局部视图的断裂边界必须以波浪线表示

(C)画局部视图时,一般在局部视图上方标出视图的名称"A",在相应的视图附近用箭头指明投影方向,并注上同样的字母

(D)当局部视图按投影关系配置,中间又没有其他图形隔开时,可省略标注

97. 保持工作环境清洁有序,下列说法正确的是(　　)。

(A)随时清除油污和积水　　　　　　(B)通道上少放物品

(C)整洁的工作环境可以振奋职工精神　　(D)毛坯、半成品按规定堆放整齐

98. 数控加工对刀具的要求较普通加工更高,尤其是在刀具的(　　)方面。

(A)刚性　　　　(B)强度　　　　(C)韧性　　　　(D)耐用度

99. 关于"旋转视图",下列说法正确的是(　　)。

(A)倾斜部分需先旋转后投影,投影要反映倾斜部分的实际长度

(B)旋转视图仅适用于表达所有倾斜结构的实形

(C)旋转视图不加任何标注

(D)假想将机件的倾斜部分旋转到与某一选定的基本投影面平行后再向该投影面投影所得的视图称为旋转视图

100. 数控机床试运行开关扳到"DRY RUN"位置,在"MDI"状态下运行机床时,程序中给定的(　　)无效。

(A)主轴转速　　　(B)快进速度　　　(C)进给速度　　　(D)以上均对

101. 下列说法中正确的是(　　)。

(A)局部放大图可画成视图

(B)局部放大图应尽量配置在主视图的附近

(C)局部放大图与被放大部分的表达方式有关

(D)绘制局部放大图时,应用细实线圈出被放大部分的部位

102. 关于低压断路器叙述正确的是(　　)。

(A)操作安全,工作可靠　　　　　　(B)不能自动切断故障电路

(C)安装使用方便,动作值可调　　　(D)用于不频繁通断的电路中

103. 下列属于岗位质量措施与责任的是(　　)。

(A)明确岗位质量责任制度

(B)岗位工作要按作业指导书进行

(C)明确上下工序之间相应的质量问题的责任

(D)满足市场的需求

104. 一个完整的程序由(　　)构成。

(A)程序内容　　　(B)程序号　　　(C)程序结束　　　(D)地址码

105. 爱护工、卡、刀、量具的做法是(　　)。

(A)正确使用工、卡、刀、量具　　　(B)工、卡、刀、量具要放在规定地点

(C)随意拆装工、卡、刀、量具　　　(D)按规定维护工、卡、刀、量具

106. 下列触电救护措施,不正确的是(　　)。

(A)打强心针　　(B)接氧气　　(C)人工呼吸　　(D)按摩胸口

107. 在 CA6140 车床上,若车精密螺距的螺纹,必须将进给箱中的(　　)离合器接通。

(A)M2　　　　　(B)M3　　　　　(C)M4　　　　　(D)M5

108. 国际标准对"未注公差尺寸"的公差等级定为(　　)。

(A)IT8　　　　(B)IT10　　　　(C)IT18　　　　(D)IT12

109. 与 G00 属同一模态组的有(　　)。

(A)G80　　　　(B)G01　　　　(C)G82　　　　(D)G03

110. 夹紧力的确定包括力的(　　)。

(A)大小　　　　(B)方向　　　　(C)作用点　　　　(D)相互作用

111. 切屑按变形程度的不同,其形状可分为(　　)。

(A)带状切屑　　(B)挤裂切屑　　(C)单元切屑　　(D)崩碎切屑

112. 可转位刀片的精度等级是(　　)。

(A)G　　　　　(B)M　　　　　(C)U　　　　　(D)V

113. 数控装置基本上可分为(　　)。

(A)点拉控制　　(B)轮廓控制　　(C)输入控制　　(D)输出控制

114. 测量环境主要是指测量环境和空气中的(　　)。

(A)温度　　　　(B)湿度　　　　(C)灰尘含量　　(D)振动

115. 不锈钢在高温时仍能保持其(　　)。

(A)硬度　　　　(B)强度　　　　(C)韧性　　　　(D)耐磨性

116. 测量内孔的量具有(　　)。

(A)塞规、内径千分尺　　　　　　(B)游标卡尺

(C)钢板尺、坐标测量　　　　　　(D)投影

117. 基准分为(　　)。

(A)粗加工基准　(B)工艺基准　　(C)设计基准　　(D)精加工基准

118. 时间定额由(　　)组成。

(A)基本时间　　　　　　　　　　(B)辅助时间

(C)布置工作场地时间、准备与结束时间　　(D)休息和生理需要时间

119. 低碳钢经(　　)后,可提高表面层硬度。

(A)渗碳　　　　(B)退火　　　　(C)淬火　　　　(D)回火

120. 为确定和测量车刀的几何角度,需要以(　　)作为基准。

(A)已加工表面　(B)基面　　　　(C)切削平面　　(D)剖面

121. 钢材经淬火后,由于(　　)成倍增加,因此造成切削力很大,切削温度高。

(A)硬度　　　　(B)强度　　　　(C)韧性　　　　(D)塑性

122. 刀具切削性能的优劣主要取决于(　　)。

(A)刀具切削部分的材料　　　　　(B)合理的几何形状

(C)刀具寿命　　　　　　　　　　(D)刀具长度

123. 车刀后角大小取决于(　　)。

(A)切削速度　　　　　　　　　　(B)工件材料

(C)切削深度和进给量　　　　　　(D)刀具材料

124. 职业纪律主要包括(　　)。

(A)劳动纪律　　(B)财经纪律　　(C)群众纪律　　(D)政治纪律

125. 主轴的旋转运动通过交换(　　)的传动使刀架做直线进给运动。

(A)齿轮箱　　　　(B)进给箱　　　　(C)丝杠　　　　(D)光杠溜板箱

126. 正确选择切削用量对(　　)起着很大的作用。

(A)保证加工精度　　　　(B)提高生产率

(C)降低刀具的损耗　　　　(D)合理使用机床

127. 通常使用的离合器有(　　)。

(A)侧齿式离合器　　　　(B)摩擦离合器

(C)超越离合器　　　　(D)普通离合器

128. 自励电动机包括(　　)。

(A)并励电动机　　　　(B)半励电动机　　　　(C)串励电动机　　　　(D)复励电动机

129. 一张完整的零件图包括(　　)。

(A)视图　　　　(B)尺寸　　　　(C)技术要求　　　　(D)标题栏

130. 编程时使用刀具补偿具有的优点包括(　　)。

(A)计算方便　　　　(B)编制程序简单

(C)便于修正尺寸　　　　(D)便于测量

131. 数控机床的信息输入方式有(　　)。

(A)按键和 CRT 显示器　　　　(B)磁带、磁盘

(C)手摇脉冲发生器　　　　(D)以上均正确

132. 闭环伺服系统的结构特点有(　　)。

(A)无检测环节　　　　(B)直接检测工作台的位移

(C)直接检测工作台的速度　　　　(D)检测元件装在任意位置

133. 数控机床按加工方式可分为(　　)。

(A)金属切削类　　　　(B)金属成型类　　　　(C)特种加工类　　　　(D)其他类

134. 数控车床主要用于(　　)等回转体零件的加工。

(A)型材类　　　　(B)轴类　　　　(C)套类　　　　(D)盘类

135. 硬质合金不重磨机夹刀具的刀片形状有(　　)。

(A)正三边形　　　　(B)凸三边形　　　　(C)四边形　　　　(D)五边形

136. 滚花时出现乱纹与(　　)有关。

(A)刀具、工件本身　　　　(B)吃刀压力

(C)主轴转速　　　　(D)进给速度

137. 机床夹具按通用化程度可分为(　　)。

(A)通用夹具　　　　(B)专用夹具　　　　(C)组合夹具　　　　(D)液压夹具

138. 造成数控系统不能接通电源的原因有(　　)。

(A)RS232 接口损坏　　　　(B)交流电源无输入或熔断丝烧损

(C)直流电压电路负载短路　　　　(D)电源输入单元烧损或开关接触不好

139. 不能进行整圆加工的插补方式是(　　)。

(A)角度加半径　　　　(B)极坐标圆弧插补

(C)插补参数 I、J、K　　　　(D)前面几种均可

140. 数控系统由(　　)等部分组成。

(A)CNC 装置　　　　　　　　　　　(B)可编程控制器

(C)伺服驱动装置　　　　　　　　　(D)电动机

141. 下列机床属于点位控制数控机床的是(　　)。

(A)数控钻床　　　(B)数控镗床　　　(C)数控冲床　　　(D)数控车床

142. 下列分类方式属于数控机床分类方式的是(　　)。

(A)按运动方式分类　　　　　　　　(B)按用途分类

(C)按坐标轴分类　　　　　　　　　(D)按主轴在空间的位置分类

143. 下列方法属于加工轨迹插补方法的是(　　)。

(A)逐点比较法　　　　　　　　　　(B)时间分割法

(C)样条计算法　　　　　　　　　　(D)等误差直线逼近法

144. 下列是零点偏置指令的是(　　)。

(A)G55　　　　　(B)G57　　　　　(C)G54　　　　　(D)G53

145. 下列关于数控机床常用的维修方法,正确的是(　　)。

(A)功能程序测试法　　　　　　　　(B)参数检查法

(C)整体升温法　　　　　　　　　　(D)自诊断功能法

146. 下列关于数控机床伺服系统过热的可能原因分析,正确的是(　　)。

(A)机床摩擦力矩过大或电动机因切削力增加而过载

(B)变压器有故障

(C)伺服单元的热继电器设定值错误

(D)伺服电动机有故障

147. 下列属于安全规程的是(　　)。

(A)安全技术操作规程　　　　　　　(B)产品质量检验规程

(C)工艺安全操作规程　　　　　　　(D)岗位责任制和交接班制

148. 按反馈方式不同,加工中心的进给系统分为(　　)。

(A)闭环控制　　　(B)开环控制　　　(C)半闭环控制　　　(D)半开环控制

149. CNC 系统的中断类型包括(　　)。

(A)外部中断　　　　　　　　　　　(B)内部定时中断

(C)硬件故障中断　　　　　　　　　(D)程序性中断

150. 深孔钻削的方式有(　　)。

(A)单刃外排屑深孔钻　　　　　　　(B)高压内排屑深孔钻

(C)喷吸钻　　　　　　　　　　　　(D)套料钻

151. 车偏心件可使用(　　)进行加工。

(A)三爪卡盘　　　　　　　　　　　(B)四爪卡盘

(C)花盘　　　　　　　　　　　　　(D)两顶尖和专用夹具

152. 定位误差由(　　)组成。

(A)基准不重合误差　　　　　　　　(B)基准位置变动误差

(C)形状误差　　　　　　　　　　　(D)位置误差

153. 刀具的寿命与切削用量有密切关系,(　　),造成刀具寿命降低。

(A)取小切削用量促使切削力增大　　(B)取小切削用量促使切削温度上升

(C)取大切削用量促使切削力增大 　　(D)取大切削用量促使切削温度上升

154. 零件的加工精度包括(　　)。

(A)尺寸精度　　(B)外形精度　　(C)形状精度　　(D)位置精度

155. 车圆柱类零件时,其圆度、圆柱度(几何形状精度)主要取决于(　　)。

(A)尺寸精度　　　　　　(B)主轴回转精度

(C)导轨精度　　　　　　(D)相对位置精度

156. 组合夹具适用于(　　)生产中。

(A)单一品种　　(B)多品种　　(C)小批量　　(D)大批量

157. 车削多线螺纹的分线方法有(　　)。

(A)法线分线法　　(B)圆周分线法　　(C)轴向分线法　　(D)径向分线法

158. 企业的生产类型分为(　　)。

(A)按需生产　　(B)成批生产　　(C)单件生产　　(D)大量生产

159. 企业生产过程的组织形式有(　　)。

(A)对象专业化形式　　　　(B)综合形式

(C)工艺专业化形式　　　　(D)设计专业化形式

160. 反映产品制造质量的指标有(　　),它们反映了企业的技术水平和管理水平。

(A)合格率　　(B)一等品率　　(C)优质品率　　(D)废品率

161. 企业技术管理是对企业的技术活动进行(　　)等方面的工作。

(A)计划　　(B)组织　　(C)协调　　(D)控制和激励

162. 新产品按其具备新质的程度可分为(　　)。

(A)返修新产品　　(B)换代新产品　　(C)改进新产品　　(D)全新产品

163. 产品标准可分为(　　)。

(A)国际标准　　(B)国家标准　　(C)地方标准　　(D)企业标准

164. 尺寸标注的形式有(　　)。

(A)链式　　(B)坐标式　　(C)综合式　　(D)直线式

165. 凸轮机构按凸轮形状分主要有(　　)。

(A)圆柱凸轮　　(B)固定凸轮　　(C)移动凸轮　　(D)盘状凸轮

166. 机床液压系统中常用液压泵有(　　)。

(A)叶片泵　　(B)柱塞泵　　(C)齿轮泵　　(D)圆柱泵

167. 车削运动分为(　　)。

(A)切削运动　　(B)主运动　　(C)进给运动　　(D)旋转运动

168. 液压传动系统由(　　)构成。

(A)动力部分　　(B)控制部分　　(C)辅助部分　　(D)执行部分

169. 齿轮精度由(　　)组成。

(A)运动精度　　　　　　(B)工作平稳精度

(C)接触精度　　　　　　(D)齿侧间隙精度

170. 金属材料的性能可分为(　　)。

(A)机械性能　　(B)工艺性能　　(C)化学性能　　(D)物理性能

171. 常见的平面连杆机构有(　　)。

(A)曲柄滑块机构　　　　　　　　　(B)多曲柄机构

(C)双曲柄机构　　　　　　　　　　(D)双控杆机构

172. 退火的目的是(　　)以改善钢的机械性能。

(A)细化晶粒　　　(B)消除内应力　　　(C)降低硬度　　　(D)提高硬度

173. 为(　　),常对低碳钢零件进行正火热处理。

(A)细化组织　　　　　　　　　　　(B)提高机械性能

(C)改善切削加工性能　　　　　　　(D)降低机械性能

174. 对(　　)的中、低压系统应选用 YB 型叶片泵。

(A)压力脉动大　　　(B)运转平稳　　　(C)流量均匀　　　(D)压力脉动小

四、判 断 题

1. 使用千分尺时,用等温方法将千分尺和被测件保持同温,这样可以减少温度对测量结果的影响。(　　)

2. 使用千分尺前应做归零检验。(　　)

3. 根据产品精度要求,尽量使用结合实际又较先进的测量器具进行各项检验。(　　)

4. 数控车床每周需要检查保养的内容是电器柜过滤网。(　　)

5. 用一夹一顶或两顶尖装夹轴类零件,如果后顶尖轴线与主轴轴线不重合,工件会产生圆柱度误差。(　　)

6. 对于深孔件的尺寸精度,可以用塞规或游标卡尺进行检验。(　　)

7. 检验箱体工件上的立体交错孔的垂直度时,先用直角尺找正基准芯棒,使基准孔与检验平板垂直,然后用百分表测量芯棒两处,百分表差值即为测量长度内两孔轴线的垂直度误差。(　　)

8. 万能角度尺是用来测量工件内外角度的量具。(　　)

9. 数控机床所发生的各种故障均可通过 CRT 自诊断程序显示的报警序号提示。(　　)

10. 开环进给伺服系统的数控机床,其定位精度主要取决于伺服驱动元件和机床传动机构的精度、刚度和动态特性。(　　)

11. 车削中心必须配备动力刀架。(　　)

12. 两轴半加工具有三轴联动同样的加工能力。(　　)

13. 数控机床的加工精度取决于数控系统的最小分辨率。(　　)

14. 目前常用的数控机床多数为半闭环控制系统。(　　)

15. 影响切削速度的主要因素是加工零件的精度。(　　)

16. 经济型数控车床的显著缺点是没有恒线速度切削功能。(　　)

17. 要保证工件的定位精确,常采用过定位。(　　)

18. 表面粗糙度高度参数 R_a 值越大,表示表面粗糙度要求越低;R_a 值越小,表示表面粗糙度要求越高。(　　)

19. 数控车床的刀具功能字 T 既指定了刀具数,又指定了刀具号。(　　)

20. 保证数控机床各运动部件间的良好润滑就能提高机床寿命。(　　)

21. 数控机床进给传动机构中采用滚珠丝杠的原因主要是为了提高丝杠精度。(　　)

22. 数控车床可以车削直线、斜线、圆弧、公制和英制螺纹、圆柱管螺纹、圆锥螺纹,但是不

能车削多头螺纹。（　　）

23. 数控车床的刀具补偿功能有刀尖半径补偿与刀具位置补偿。（　　）

24. 因为毛坯表面的重复定位精度差，所以粗基准一般只能使用一次。（　　）

25. 陶瓷的主要成分是氧化铝，其硬度、耐热性和耐磨性均比硬质合金高。（　　）

26. 车削外圆柱面和车削套类工件时，它们的切削深度和进给量通常是相同的。（　　）

27. 在切削时，车刀出现溅火星属正常现象，可以继续切削。（　　）

28. 刃磨车削右旋丝杠的螺纹车刀时，左侧工作后角应大于右侧工作后角。（　　）

29. 工件定位时，被消除的自由度少于六个，但完全能满足加工要求的定位称不完全定位。（　　）

30. 划线是机械加工的重要工序，广泛的用于成批生产和大量生产。（　　）

31. 标准麻花钻的顶角一般为 118°。（　　）

32. 在铣削过程中所选用的切削用量称为铣削用量。（　　）

33. 数控加工特别适用于单一且批量较大的加工。（　　）

34. 工艺基准包括定位基准、测量基准、装配基准三种。（　　）

35. 据工件的结构特点和对生产率的要求，可按先面后孔加工、平面加工或平面-曲面加工等方式设计夹具。（　　）

36. 粗基准即为零件粗加工中所用基准，精基准即为零件精加工中所用基准。（　　）

37. 标注球面时应在符号前加"φ"。（　　）

38. 孔的基本偏差即下偏差，轴的基本偏差即上偏差。（　　）

39. 配合公差的大小等于相配合的孔、轴公差之和。（　　）

40. 表面的微观几何性质主要是指表面粗糙度。（　　）

41. 钢淬火时，出现硬度偏低的原因一般是加热温度不够、冷却速度不快和表面脱碳等。（　　）

42. 退火一般安排在毛胚制造之后、粗加工之前。（　　）

43. 当零件所有表面具有相同的表面粗糙度要求时，可在图样左上角统一标注代号；当零件表面的大部分粗糙度相同时，可将相同的粗糙度代号标注在图样右上角。（　　）

44. 零件有上、下、左、右、前、后六个方位，在主视图上只能反映零件的上、下、左、右方位，俯视图上只能反映零件的左、右、前、后方位，左视图上只能反映零件的上、下、前、后方位。（　　）

45. 滚动轴承内圈与基本偏差为 g 的轴形成间隙配合。（　　）

46. 公差是零件尺寸允许的最大偏差。（　　）

47. 零件的表面粗糙度值越低越耐磨。（　　）

48. 工具钢按用途可分为碳素工具钢、合金工具钢和高速工具钢。（　　）

49. 碳素工具钢都是属于高碳钢。（　　）

50. 采用滚珠丝杠作为传动的数控机床机械间隙一般可忽略不计。（　　）

51. 乳化液只起冷却作用。（　　）

52. 按限制自由度与加工技术要求的关系可把自由度分为与加工技术有关的自由度和无关的自由度两大类。对无关的自由度则不应布置支承点。（　　）

53. 组合夹具的特点决定了它最适合用于产品经常变换的生产。（　　）

54. 测量零件的正确度高,则该零件的精确度亦高。(　　)

55. 刀具材料在高温下仍能保持良好的切削性能叫红硬性。(　　)

56. 用合金刀具加工钢件时,最好采用水冷冷却。(　　)

57. 数控机床所加工的轮廓与所采用程序有关,而与所选用的刀具无关。(　　)

58. 外圆车刀切削部分一般由四个面、两条刀刃和一个刀尖组成。(　　)

59. 外圆粗车循环方式适合于加工棒料毛坯除去较大余量的切削。(　　)

60. 外圆粗车循环方式适合于加工已基本铸造或锻造成型的工件。(　　)

61. 数控机床采用多把刀具加工零件时,只需对好第一把刀、建立工件坐标系即可。(　　)

62. 加工中心加工精度高、尺寸稳定,加工批量零件可得到很好的互换性。(　　)

63. 粗加工时,加工余量和切削用量均较大,因此会使刀具磨损加快,所以应选用以润滑为主的切削液。(　　)

64. 精加工时,使用切削液的目的是降低切削温度,起冷却作用。(　　)

65. 数控机床如长期不用时,最重要的日常维护工作是干燥。(　　)

66. 加工方法的选取主要根据加工精度与工件形状。(　　)

67. 在初期故障期出现的故障主要是因工人操作不习惯、维护不好、操作失误造成的。(　　)

68. 机床上的卡盘、中心架等属于通用夹具。(　　)

69. 当数控加工程序编制完成后即可进行正式加工。(　　)

70. 高速钢车刀在低温时以机械磨损为主。(　　)

71. 安装内孔加工刀具时,应尽可能使刀尖齐平或稍高于工件中心。(　　)

72. 数控刀具应具有较高的耐用度和刚度、良好的材料热脆性、良好的断屑性能、可调、易更换等特点。(　　)

73. 只在轴的一端安装具有一定调心性能的滚动轴承,则可起到调心作用。(　　)

74. 机械加工工艺手册是规定产品或零部件制造工艺过程和操作方法的工艺文件。(　　)

75. 直流电动机多用于要求在大范围内平滑调速的生产机械上。(　　)

76. 斜二测的画法是轴测投影面平行于一个坐标平面,投影方向平行于轴测投影面时,即可得到斜二测轴测图。(　　)

77. 不完全定位和欠定位所限制的自由度都少于六个,所以本质上是相同的。(　　)

78. 零件的表面粗糙度值越小,越易加工。(　　)

79. 熔断器是起安全保护作用的一种电器。(　　)

80. 在常用的螺旋传动中,传动效率最高的螺纹是梯形螺纹。(　　)

81. 编制工艺规程时,所采用的加工方法及选用的机床,其生产率越高越好。(　　)

82. 各种热处理工艺过程都是由加热、保温、冷却三个阶段组成的。(　　)

83. 工件在夹具中定位时,欠定位和过定位都是不允许的。(　　)

84. 数控车床操作切削运动分主运动和进给运动两种,车削时车刀的移动是进给运动。(　　)

85. 液压传动中,动力元件是液压缸,执行元件是液压泵,控制元件是油箱。(　　)

86. 车刀的后角在精加工时取小值,粗加工时取大值。(　　)

87. 常用的固体润滑剂有石墨、二硫化钼、锂基润滑脂。(　　)

88. 在切削用量中,对刀具耐用度影响最大的是切削速度,其次是切削深度,影响最小的是进给量。(　　)

89. G 代码可以分为模态 G 代码和非模态 G 代码。(　　)

90. G92 指令可以使工作台移动到设定的位置。(　　)

91. G04 P2 表示暂停 2 s。(　　)

92. M98 P1010 表示执行完子程序后,一定返回到主程序 N1010 程序段中。(　　)

93. 工件坐标系是通过对刀建立的。(　　)

94. M00 与 M30 都是程序停止,意义相同。(　　)

95. M03 为主轴正转。(　　)

96. S 功能是表示主轴转速,单位用 r/min 表示。(　　)

97. F 功能的单位只能是 mm/min。(　　)

98. 只要 G 指令格式应用正确,定能加工出合格零件。(　　)

99. PLC 控制圆盘刀库选刀时回转角度大于 180°。(　　)

100. RS422 是用于程序自动输入的标准接口。(　　)

101. G41/G42 和 G40 之间可以出现子程序和镜像加工。(　　)

102. MASTER CAM 需要第三方软件支持构建 3D 图形。(　　)

103. 精镗循环 G76 只能在有主轴准停功能的机床上使用。(　　)

104. 数控车床加工凹槽完成后需快速退回换刀点,现用"N180 G00 X80.Z50"程序完成退刀。(　　)

105. 数控车床加工凹槽完成后需快速退回换刀点,现用"N200 G00 X80.;N210 Z50"程序完成退刀。(　　)

106. 数控机床操作使用最关键的问题是编程序,编程技术掌握好就可成为一个高级数控机床操作工。(　　)

107. 使用工件坐标系 G54~G59 时,就不能再用坐标系设定指令 G92。(　　)

108. 工件坐标系设定的两种方法是 G92 建立工件坐标系和 G54~G59 设定工件坐标系。(　　)

109. 数控铣床取消刀补应采用 G40 代码,例如:G40 G02 X20.Y0 R10.,该程序段执行后刀补被取消。(　　)

110. 在编辑过程中出现"NOT READY"报警,多数原因是急停按钮起了作用。(　　)

111. RAM 只允许用户读取信息,而不允许用户写入信息。(　　)

112. 在执行主程序的过程中,有调用子程序的指令时就执行子程序的指令,执行完子程序以后,加工就结束了。(　　)

113. 数控零件加工程序的输入输出必须在 MDI(手动数据输入)方式下完成。(　　)

114. 主轴正转是指顺时针旋转方向,是按左旋螺纹旋入工件的方向。(　　)

115. 相对编程的意义是相对于加工起点(程序零点)的位移量编程。(　　)

116. 未曾在机床上运行过的新程序在调入后最好先进行校验运行,正确无误后再启动自动运行。(　　)

117. 程序编制中首件试切的作用是检验零件图设计的正确性。(　　)

118. G90 是外径车削循环指令。(　　)

119. G94 是端面车削循环指令。(　　)

120. G92 是螺纹加工循环指令。(　　)

121. G72 是外圆粗加工循环指令。(　　)

122. $\#i=ABS[\#j]$ 是绝对值函数运算式。(　　)

123. 宏程序控制指令的条件转移是 IF[条件表达式]GOTOn。(　　)

124. G00 X20 Z5 是点定位到 X20 Z5 处。(　　)

125. G32 X_Z_F_中 F 是指螺距。(　　)

126. G33 X_Z_F_中 F 是指进给量。(　　)

127. G02、G03、G01、G04 都是模态指令。(　　)

128. 执行 M00 指令后,所有存在的模态信息保持不变。(　　)

129. 不准私自拆卸机床上的安全防护装置,缺少安全防护装置的机床不准工作。(　　)

130. 数控机床重新开机后,一般需先回机床零点。(　　)

131. 电动机启动时发出嗡嗡声,可能是电动机缺相运行。(　　)

132. 一般情况下在使用砂轮等旋转类设备时,操作者必须戴手套。(　　)

133. 在金属切削过程中,高速度加工塑性材料时易产生积屑瘤,它将对切削过程带来一定的影响。(　　)

134. 积屑瘤的生成对加工有一定好处。(　　)

135. 直接找正安装一般多用于单件、小批量生产,因此其生产率低。(　　)

136. CNC 机床坐标系统采用右手直角笛卡儿坐标系,用手指表示时,大拇指代表 Z 轴。(　　)

137. 机床电路中,为了起到保护作用,熔断器应装在总开关的前面。(　　)

138. 按数控系统操作面板上的 RESET 键后就能消除报警信息。(　　)

139. 车削细长轴时,三爪跟刀架比两爪跟刀架的使用效果好。(　　)

140. 工件在夹具中定位时必须限制六个自由度。(　　)

141. 导热性能差的金属工件或坯料,加热或冷却时会产生内外温差,导致内外不同的膨胀或收缩,产生应力、变形或破裂。(　　)

142. 用两顶尖安装圆度要求较高的轴类工件,如果前顶尖跳动,车出的圆度会产生误差。(　　)

143. 车削细长轴时容易引起振动和工件弯曲,其原因是车刀偏角选得太大。(　　)

144. 标准公差的数值对同一尺寸段来说,随公差等级数字的增大而依次增大。(　　)

145. 斜面自锁的条件是斜面倾角小于或等于摩擦角。(　　)

146. 用一夹一顶加工轴类零件,卡盘夹持部分较长时,这种定位既是部分定位又是重复定位。(　　)

147. 利用刀具的旋转和压力使工件外层金属产生塑性变形而形成螺纹的加工叫螺纹的滚压加工。(　　)

148. 只要不影响工件的加工精度,重复定位是允许的。(　　)

149. 除第一道工序外,其余的工序都采用同一个基准,这种方法叫基准统一原则。

（　　）

150. 车床上加工 L/d 在 5～10 之间的孔,采用麻花钻接长的方法完全可以解决深孔加工问题。（　　）

151. 圆柱孔工件在小锥度心轴上定位,其径向位移误差等于零。（　　）

152. 对所有表面需要加工的零件,应选择加工余量最大的表面作粗基准。（　　）

153. 机床误差主要由主轴回转误差、导轨导向误差、内传动链的误差及主轴、导轨等的位置误差所组成。（　　）

154. 工件使用大平面定位时,必须把定位平面做成微凹形。（　　）

155. 辅助支承也能限制工件的自由度。（　　）

156. 屈服强度越大表示材料抵抗塑性变形的能力越大。（　　）

157. 车圆球是由两边向中心车削,先粗车成型后再精车,逐渐将圆球面车圆整。（　　）

158. 精车时,刃倾角应取负值。（　　）

159. 90°车刀(偏刀)主要用来车削工件的外圆、端面和台阶。（　　）

160. 切削铸铁等脆性材料时,为了减少粉末状切屑,需用切削液。（　　）

161. 切削用量的大小主要影响生产率的高低。（　　）

162. 车削细长轴工件时,为了使车削稳定,不易产生振动,应采用三爪跟刀架。（　　）

163. 粗车时,选大的背吃刀量、较小的切削速度,这样可提高刀具寿命。（　　）

164. 加大主偏角 K_r 后,散热条件变好,切削温度降低。（　　）

165. 车床主轴前后轴承间隙过大或主轴轴颈的圆度超差,车削时工件会产生圆度超差的缺陷。（　　）

166. 外圆与外圆或内孔与外圆的轴线平行而不重合的零件,叫作偏心工件。（　　）

167. 背向切削力是产生振动的主要因素。（　　）

168. Tr40×6(P3)的螺纹升角计算公式为:$\tan\phi=3/(\pi d_2)$。（　　）

169. 在快速或自动进给铣削时,不准把工作台走到两极端,以免挤坏丝杆。（　　）

170. 超负荷、超重量使用机床,不准精机粗用和大机小用。（　　）

171. 切削时严禁用手摸刀具或工件。（　　）

172. 加工单件时,为保证较高的形位精度,在一次装夹中完成全部加工为宜。（　　）

173. 用高速钢车刀应选择比较大的切削速度。（　　）

174. 点位控制系统不仅要控制从一点到另一点的准确定位,还要控制从一点到另一点的路径。（　　）

175. 刀具补偿功能包括刀补的建立、刀补的执行和刀补的取消三个阶段。（　　）

176. 只有当工件的六个自由度全部被限制,才能保证加工精度。（　　）

177. 数控车床适宜加工轮廓形状特别复杂或难于控制尺寸的回转体类零件、箱体类零件、精度要求高的回转体类零件、特殊的螺旋类零件等。（　　）

178. 恒线速控制的原理是当工件的直径越大,进给速度越慢。（　　）

179. 在数控加工中,如果圆弧指令后的半径遗漏,则圆弧指令作直线指令执行。（　　）

180. 同一工件,无论用数控机床加工还是用普通机床加工,其工序都一样。（　　）

181. 数控机床的进给路线不但是作为编程轨迹计算的依据,而且还会影响工件的加工精度和表面粗糙度。（　　）

182. 在开环和半闭环数控机床上,定位精度主要取决于进给丝杠的精度。( )

183. 轴类零件的调质处理应安排在粗加工后、精加工前。( )

184. 加大前角能使车刀锋利、减少切屑变形、减轻切屑与前刀面的摩擦,从而增大切削力。( )

185. 进给功能用于指定进给方向。( )

186. 一般切削脆性材料时容易形成节状切屑。( )

187. 车削普通螺纹,车刀的刀尖角应等于60°。( )

188. 限位开关在电路中起的作用是过载保护。( )

189. 为了保持恒切削速度,在由外向内车削端面时,如进给速度不变,主轴转速应该由慢变快。( )

190. 固定循环是预先给定一系列操作,用来控制机床的位移或主轴运转。( )

191. 有安全门的加工中心,在安全门打开的情况下也能进行加工。( )

192. 数控机床操作面板上有倍率修调开关,操作人员加工时可随意调节主轴或进给的倍率。( )

193. 未装工件以前,对程序进行一次空运行,检查程序能否顺利执行。( )

194. 在实际加工中,刀具的磨损是必然的,只需要修改半径补偿值,而不必修改程序。( )

195. 数控机床都有快进、快退和快速定位等功能。( )

196. 选择加工余量小的表面作为粗基准,有利于加工和保证质量。( )

197. 低碳钢经渗碳、淬火、回火处理后,其表面层硬度可达 HBS59 以上。( )

198. 刀具材料应根据车削条件合理选用,要求所有性能都好是困难的。( )

五、简 答 题

1. 用卡盘夹持工件车削时,产生锥度的主要原因是什么?

2. 滚珠丝杠副进行预紧的目的是什么? 常见的预紧方法有哪几种?

3. 车削轴类零件时,由于车刀的哪些原因而使表面粗糙度达不到要求?

4. 什么是精基准? 如何选择精基准?

5. 简述表面粗糙度的大小对机械零件使用性能的影响。

6. 对刀点的选取对编程有何影响?

7. 什么是六点定位?

8. 工艺分析的重要意义是什么?

9. 车床床身导轨的直线度误差及导轨之间的平行度误差,对加工零件的外圆表面和被加工螺纹分别产生哪些影响?

10. 数控车削加工工艺分析的主要内容有哪些?

11. 零件图铣削工艺分析包括哪些内容?

12. 刃磨螺纹车刀时应达到哪些要求?

13. 用两顶尖安装工件时应注意哪些问题?

14. 车刀的前角如何选择?

15. 车刀的后角如何选择?

16. 数控加工编程的主要内容有哪些?

17. 数控加工工艺分析包括哪些内容?

18. 名词解释:机床坐标系。

19. 简述刀位点、换刀点和工件坐标原点的定义。

20. 在编写加工程序时,利用子程序有什么优点?

21. 何谓对刀点?

22. 名词解释:工件坐标系。

23. 常用的数控功能指令有哪些?

24. 什么是后置处理程序?

25. 通常数控加工程序包含哪些内容?

26. 数控机床的 X、Y、Z 坐标轴及其方向是如何确定的?

27. 简述 G00 与 G01 指令的主要区别。

28. 在铣削编程时,为什么要进行刀具半径补偿?

29. 为什么要使用刀具半径补偿? 说明刀具半径补偿的使用及指令。

30. 自动编程的目的是什么?

31. 数控车床的暂停指令代码是什么? 其作用是什么?

32. G27 是什么指令? 它的作用是什么?

33. G28 是什么指令? 它的作用是什么?

34. M03、M04、M05 是什么指令?

35. 简述数控机床零件加工的一般步骤。

36. 列举出四种数控加工专用技术文件。

37. 简述数控机床加工路线的选择原则。

38. 简述数控机床的人机界面及作用。

39. 加工中心的主轴为什么要有准停? 准停的指令是什么?

40. 什么是不安全状态? 不安全状态的具体表现形式是什么?

41. 简述数控机床的工作原理。

42. 车削薄壁零件时,防止工件变形有哪些方法?

43. 机床误差有哪些?

44. 常用的切削液有哪几种? 它们的作用如何?

45. 什么是加工精度? 它包括哪几方面的要求?

46. 解释机械加工工艺过程的具体含义。

47. 数控机床的定位精度包括哪些?

48. 滚珠丝杠螺母副有何特点?

49. 简述数控机床的切削用量及其选择原则。

50. 刀具材料的基本性能要求有哪些?

51. 什么是车削中心的 C 轴功能? 数控机床怎样车螺纹?

52. 自动换刀装置方案的作用是什么?

53. 数控加工对刀具的性能有哪些要求?

54. 数控车床主要的加工对象是什么?

55. 数控加工对夹具有何要求？

56. 常见的铸件缺陷有哪几种？

57. 自动换刀装置的形式有哪几种？

58. 影响加工精度的因素有哪些？

59. 简述数控机床的工件装夹原则。

60. 应如何选择数控车床夹具？

61. 简述数控机床加工时的工序划分原则。

62. 什么是组合夹具？什么是机床夹具的"三化"？

63. 数控车床的基本对刀方法有几种？分别是什么？

64. 提高形状精度的措施有哪些？

65. 什么叫喷雾冷却法？

66. 常用的刀具材料有哪些？

67. 零件加工对机床的选择原则是什么？

68. 为什么在车床精度检验中要检验主轴定心轴颈的径向跳动？

69. 数控机床对检测装置有何要求？

70. 数控机床中位置检测装置的要求有哪些？

71. 车床精度包括哪些方面？

72. 数控系统的参数发生变化会发生什么现象？数控机床定位精度的意义是什么？

73. 完整的测量过程包括哪些内容？什么是测量对象？

74. 检测元件在数控机床中的作用是什么？

六、综 合 题

1. 读图 1 并回答下列问题：

(1)补画三视图；

(2)写出三个视图的名称,并说明图中的剖视图是从哪个位置开始剖的。

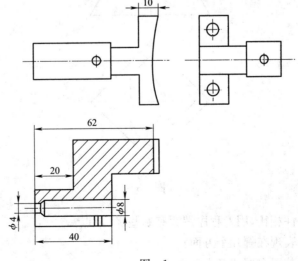

图　1

2. 读图 2 并回答下列问题：

(1)零件采用了几个视图？

(2)各形位公差代号的含义是什么？

(3)此零件直径的最大值为多少？

(4)M12×1.5 的含义是什么？

(5)零件的加工基准是什么？

(6)零件采用了什么特殊表达方式？

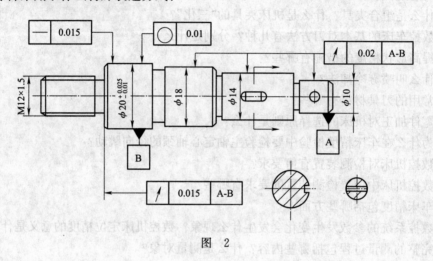

图　2

3. 如图 3 所示，补画三视图。

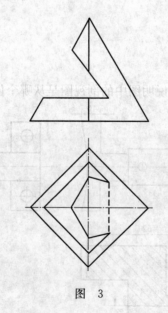

图　3

4. 与数控加工软件相比，用宏程序编程有哪些优、缺点？

5. 主轴故障主要表现在哪几个方面？

6. 对夹具的夹紧装置有哪些基本要求？

7. 装夹车刀的注意事项有哪些?

8. 外径千分尺的工作原理是什么?

9. 如图 4 所示,根据已知条件进行计算。已知 A、C 间尺寸,现测得 A、B 表面间的尺寸在 16.67~16.88 mm 之间,试计算这批工件是否合格。

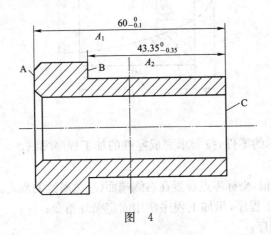

图 4

10. 积屑瘤对加工有什么影响? 如何避免产生积屑瘤?

11. 车削梯形螺纹的方法有哪几种? 各有什么特点?

12. 细长轴的加工特点是什么? 试述防止弯曲变形的方法。

13. 什么是材料的切削加工性? 影响切削加工性能的主要因素是什么?

14. 如何用螺纹量规测量螺纹的尺寸和精度是否符合图纸要求?

15. 机床精度包括哪几项? 具体内容是什么? 卧式车床工作精度检验包括哪些项目?

16. 薄壁工件的车削特点是什么?

17. 如何进行深孔滚压?

18. 加工工件时,圆度及锥度超差是由机床的哪些因素造成的?

19. 车外圆圆周表面上出现振纹是由机床的哪些因素造成的?

20. 钻、扩、铰孔时,工件孔径扩大或产生喇叭形的原因是什么?

21. 数控车床在进行螺纹切削时需要注意什么?

22. FANUC 数控系统 6 有什么特点?

23. 以 6M 为例,说说 FANUC 数控系统 6 的控制功能有哪些。

24. 请说明后置处理的过程和作用。

25. 数控车床的基本对刀方法有哪几种? 怎样对刀?

26. 安装切断刀应注意什么? 切断刀折断的主要原因是什么?

27. 多线螺纹的分线方法有哪几种? 批量生产用哪种比较好? 车削多线螺纹时应注意什么问题?

28. 编制如图 5 所示的抛物线孔加工程序,方程为 $Z = X^2/16$,换算成直径编程形式为 $Z = X^2/64$,则 $X = \text{SQRT}[Z]/8$。采用端面切削方式,编程零点放在工件右端面中心,工件预钻有 $\phi30$ 底孔。

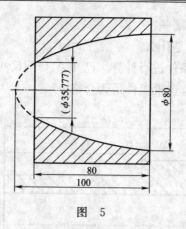

图 5

29. 加工如图 6 所示的零件,按要求完成零件的加工程序编制。

要求:

(1)计算各节点坐标值,坐标零点设置在右侧端面(三角函数关系式：$\sin\phi=a/c$,$\cos\phi=b/c$);

(2)编制粗、精车加工程序,粗加工程序使用固定循环指令;

(3)编制螺纹加工程序;

(4)正确选用刀具、切削参数。

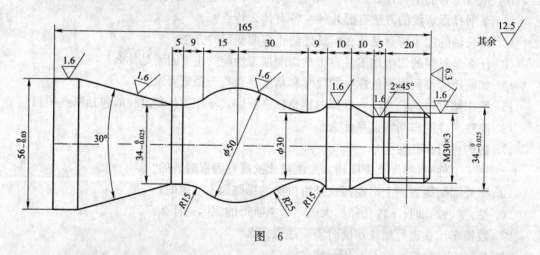

图 6

30. 用数控车床加工如图 7 所示的零件,材料为 45 号钢调质处理,毛坯的直径为 60 mm,长度为 200 mm。按如下要求完成零件的加工程序编制。

要求:

(1)正确选择加工流程、刀具及切削参数;

(2)运用变量编制椭圆加工程序。

31. 加工如图 8 所示的零件,按要求完成零件的加工程序编制。

要求:

(1)编制粗、精车加工程序,粗加工程序使用固定循环指令;

(2)编制螺纹加工程序;

(3)正确选用刀具、切削参数。

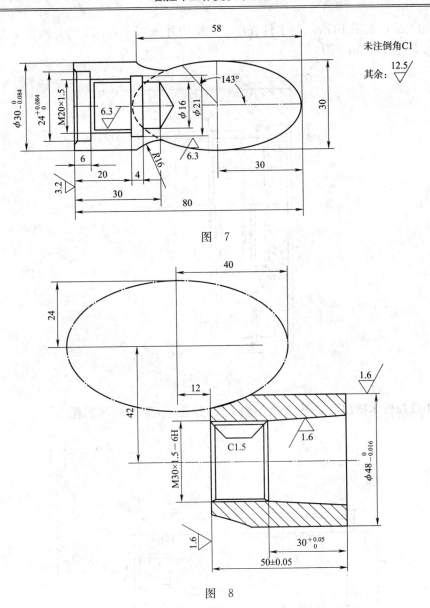

图　7

图　8

32. 编制如图 9 所示的轴加工程序,按粗车和精车两次完成。(T3 为外圆粗车刀,T7 为外圆精车刀)

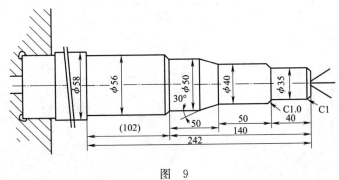

图　9

33. 加工编辑如图 10 所示的工件程序。（T1 为外圆粗车刀，T7 为外圆精车刀，T4 为内孔粗车刀，T8 为内孔精车刀）

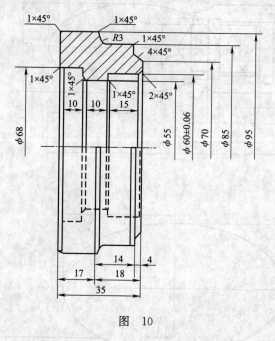

图 10

34. 用数控机床精加工如图 11 所示的工件，并进行工艺分析和编程。

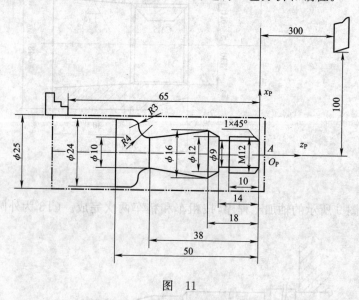

图 11

数控车工(高级工)答案

一、填 空 题

1. 机床锁住	2. 保存断点	3. RS232	4. 导程
5. G40	6. 绝对值、增量值混合编程		7. CAM
8. 零件程序	9. 数控加工中心	10. 滚珠丝杠	11. 液压油
12. 静压导轨	13. 刀架	14. 低电压控制高电压	15. 切削性能
16. 切削速度	17. 传动轴	18. 间接密封	19. 滚珠丝杠
20. 定量	21. PLC	22. 信号转换	23. PLC
24. 交流电机	25. 加工精度高	26. 编码器	27. 开环
28. 定位精度	29. 加工精度	30. 轴向间隙	31. 单元切屑
32. 45 号	33. 球墨铸铁	34. 感应加热淬火	35. 调质处理
36. 正火	37. 粗加工后、精加工前		38. 耐磨性
39. 与轴中心线等高	40. 切削速度 V_c	41. 副偏角和副后角太大	
42. 基准不重合	43. 水	44. 润滑	
45. 后刀面与前刀面	46. 主偏角	47. AHRC60	48. 高温性
49. 三	50. 五	51. 切削力	
52. 卡爪装夹面与主轴回转轴线不同轴		53. B 型带护锥	54. 磨削或研磨
55. 1/5~1/3	56. 定位误差	57. 菊花顶尖	58. 700 ℃
59. 金刚石	60. 绿色碳化硅	61. 刀垫	62. 10
63. 四边形	64. 右切	65. M99	66. 相同
67. 8	68. 5	69. G94	70. 坐标增量
71. 精加工路线第一个程序段的顺序号		72. Z 方向切深	73. 刀具前进的
74. 机床宏程序	75. ♯1~♯33	76. $X[SQRT[A \times A + B \times B]]$	
77. 60	78. 0.2	79. 小于等于	80. 条件跳转语句
81. 开平方	82. $x^2/a^2 + y^2/b^2 = 1$	83. 螺纹	84. 正常
85. 深孔浮动铰刀铰削	86. 浮动铰孔	87. 振动	
88. 钻直径较大的孔,后钻小孔		89. 单刀外排屑	90. 封闭性
91. 封闭环公差	92. 零刻度	93. 垂直	94. 过渡配合
95. 尺寸公差	96. 全跳动	97. 基孔制间隙配合	98. 力学性能
99. 20	100. 微观不平十点高度 R_z		101. 系统误差
102. 螺纹千分尺	103. 过盈	104. 工艺基准	105. 半径值
106. 加工质量	107. 螺距为 1.5 mm	108. 等于	109. 高
110. 刀具	111. 顺时针	112. 直径	113. 主轴最高转速

114. 圆弧起点到圆心的坐标值　　115. 刀尖圆弧半径补偿
116. G94 或 G95　117. G94　118. G95　119. 螺纹车刀
120. 副后刀　121. 同步　122. 背吃刀量　123. 三维断屑
124. 回转体　125. 车床　126. 设定工件零点　127. 后刀面
128. 向后跳转　129. 重合　130. 滑动导轨
131. 端面平面度超差　132. 剖视图　133. 基孔制　134. 带
135. 足够的塑性和韧性　136. 向程序前方跳转　137. 传递运动
138. 成型　139. 不等于　140. M06　141. 螺纹
142. 宏指令　143. 开始　144. 方向　145. G50
146. 程序顺序　147. 大于等于　148. －791/2　149. 毛坯切削循环
150. 不等于　151. 细实线　152. 明细表　153. m6
154. 0.45　155. 不剖　156. 齿形角　157. 0.001
158. 定位基准　159. 一次　160. 通用　161. 定位元件
162. 切削速度　163. 前刀面　164. 基孔制间隙　165. 118°
166. 梯形螺纹　167. 过载保护　168. 工件不动、刀具移动
169. 点动　170. 开电源,开 CNC 系统电源,开急停开关　171. 切削速度
172. 机床移动部件上　173. 副偏角　174. 自动　175. 0.25％
176. 淬火　177. 耐磨性　178. 局部放大图　179. 例行保养
180. 行程控制　181. 自动　182. 急停　183. ALTER
184. 60°　185. 法向　186. 半闭环控制数控机床
187. G18　188. 不在圆弧平面内的坐标轴　189. POS

二、单项选择题

1. C	2. A	3. A	4. C	5. A	6. A	7. B	8. A	9. C
10. B	11. C	12. D	13. C	14. B	15. A	16. C	17. B	18. C
19. A	20. A	21. C	22. C	23. A	24. B	25. B	26. B	27. A
28. C	29. D	30. A	31. B	32. C	33. C	34. A	35. C	36. B
37. C	38. C	39. A	40. C	41. A	42. B	43. B	44. A	45. A
46. A	47. B	48. C	49. B	50. C	51. A	52. C	53. A	54. C
55. B	56. B	57. B	58. B	59. B	60. C	61. B	62. B	63. B
64. B	65. B	66. B	67. B	68. C	69. B	70. D	71. B	72. B
73. D	74. B	75. C	76. B	77. C	78. B	79. C	80. A	81. B
82. B	83. C	84. A	85. B	86. B	87. C	88. A	89. C	90. B
91. B	92. C	93. B	94. B	95. A	96. C	97. B	98. C	99. A
100. C	101. A	102. C	103. C	104. A	105. B	106. B	107. A	108. B
109. B	110. C	111. C	112. A	113. B	114. C	115. B	116. A	117. C
118. C	119. A	120. C	121. C	122. C	123. A	124. A	125. B	126. C
127. C	128. A	129. A	130. C	131. C	132. B	133. C	134. D	135. B
136. C	137. A	138. A	139. C	140. D	141. B	142. D	143. C	144. B

145. B　　146. B　　147. C　　148. A　　149. A　　150. B　　151. C　　152. C　　153. B
154. A　　155. A　　156. B　　157. A　　158. B　　159. A　　160. A　　161. B　　162. B
163. B　　164. C　　165. B　　166. C　　167. B　　168. C　　169. B　　170. B　　171. C
172. C　　173. A　　174. C　　175. C　　176. B　　177. C　　178. B　　179. B　　180. B
181. C　　182. B　　183. A　　184. A　　185. B　　186. B　　187. A　　188. A　　189. A
190. B　　191. B　　192. A　　193. A　　194. A

三、多项选择题

1. ABCD　　2. BCD　　3. BCD　　4. BCD　　5. BD　　6. ABCD　　7. ABCD
8. ABC　　9. ABC　　10. ABD　　11. ABC　　12. ACD　　13. ACD　　14. ABD
15. ABC　　16. ABD　　17. ABCD　　18. ABC　　19. ABCD　　20. ACD　　21. BCD
22. ABD　　23. ACD　　24. ABCD　　25. ACD　　26. ABCD　　27. ABCD　　28. ACD
29. BCD　　30. BD　　31. BD　　32. ACD　　33. ACD　　34. ABC　　35. ABD
36. ABCD　　37. ACD　　38. ABC　　39. ACD　　40. ABCD　　41. ABCD　　42. BCD
43. AB　　44. BCD　　45. BCD　　46. ABC　　47. ABC　　48. AB　　49. ABCD
50. AB　　51. ABCD　　52. ABC　　53. AB　　54. ABC　　55. ABC　　56. ABC
57. ABD　　58. BCD　　59. ABCD　　60. ABD　　61. AC　　62. ABC　　63. CD
64. AB　　65. BC　　66. AD　　67. BC　　68. AB　　69. BCD　　70. AC
71. ABC　　72. ABCD　　73. ABCD　　74. AC　　75. ABC　　76. ABD　　77. ABC
78. ACD　　79. AD　　80. ABD　　81. AB　　82. ABCD　　83. ABC　　84. BC
85. ABD　　86. ABC　　87. ABCD　　88. BCD　　89. ABC　　90. ABC　　91. ABCD
92. ABCD　　93. BCD　　94. ABC　　95. AD　　96. ACD　　97. BCD　　98. AC
99. ABD　　100. ABCD　　101. ABC　　102. ABC　　103. ABC　　104. ABC　　105. ABD
106. ABD　　107. BCD　　108. CD　　109. AD　　110. ABC　　111. ABCD　　112. ABC
113. AB　　114. ABCD　　115. AB　　116. ABCD　　117. BC　　118. ABCD　　119. ACD
120. BCD　　121. AB　　122. ABC　　123. BCD　　124. ABC　　125. ABCD　　126. ABCD
127. ABC　　128. BCD　　129. ABCD　　130. ABC　　131. ABCD　　132. BC　　133. ABCD
134. BCD　　135. ABCD　　136. ABC　　137. ABC　　138. BCD　　139. AB　　140. ABCD
141. ABC　　142. BCD　　143. ABC　　144. ABC　　145. ABD　　146. ABCD　　147. ACD
148. ABC　　149. ABCD　　150. ABCD　　151. ABCD　　152. AB　　153. CD　　154. ACD
155. BCD　　156. BC　　157. BC　　158. BCD　　159. ABC　　160. ABCD　　161. ABCD
162. BCD　　163. BCD　　164. ABC　　165. ACD　　166. ABC　　167. BC　　168. ABCD
169. ABCD　　170. ABCD　　171. ACD　　172. ABC　　173. ABC　　174. BCD

四、判 断 题

1. √　　2. √　　3. √　　4. √　　5. √　　6. ×　　7. √　　8. √　　9. ×
10. ×　　11. √　　12. √　　13. ×　　14. √　　15. ×　　16. ×　　17. ×　　18. √
19. ×　　20. ×　　21. ×　　22. ×　　23. √　　24. √　　25. √　　26. ×　　27. ×
28. √　　29. √　　30. ×　　31. √　　32. √　　33. ×　　34. ×　　35. √　　36. √

37.× 38.× 39.× 40.√ 41.√ 42.√ 43.√ 44.√ 45.√
46.× 47.√ 48.× 49.√ 50.√ 51.√ 52.× 53.√ 54.×
55.√ 56.× 57.× 58.× 59.√ 60.√ 61.× 62.√ 63.×
64.× 65.√ 66.× 67.× 68.√ 69.√ 70.√ 71.√ 72.√
73.√ 74.√ 75.√ 76.× 77.√ 78.× 79.√ 80.× 81.×
82.× 83.√ 84.√ 85.√ 86.× 87.√ 88.× 89.√ 90.√
91.√ 92.√ 93.√ 94.√ 95.√ 96.√ 97.√ 98.× 99.×
100.√ 101.√ 102.√ 103.√ 104.√ 105.√ 106.√ 107.× 108.√
109.× 110.√ 111.× 112.√ 113.× 114.√ 115.√ 116.√ 117.×
118.√ 119.√ 120.√ 121.√ 122.√ 123.√ 124.√ 125.√ 126.×
127.√ 128.√ 129.√ 130.√ 131.√ 132.√ 133.√ 134.√ 135.√
136.√ 137.√ 138.√ 139.√ 140.√ 141.√ 142.√ 143.√ 144.√
145.√ 146.√ 147.√ 148.× 149.√ 150.√ 151.√ 152.√ 153.√
154.√ 155.√ 156.√ 157.× 158.× 159.√ 160.√ 161.√ 162.√
163.√ 164.√ 165.√ 166.√ 167.√ 168.× 169.√ 170.√ 171.√
172.√ 173.√ 174.√ 175.√ 176.× 177.√ 178.√ 179.√ 180.×
181.√ 182.√ 183.√ 184.× 185.× 186.√ 187.√ 188.√ 189.√
190.√ 191.√ 192.× 193.√ 194.√ 195.√ 196.√ 197.√ 198.√

五、简 答 题

1. 答:(1)车床主轴轴线与溜板导轨不平行(2分);(2)床身导轨严重磨损(1.5分);(3)地脚螺钉松动,车床水平变动(1.5分)。

2. 答:目的:保证反向传动精度和轴向刚度(1分)。常见的预紧方法有:垫片预紧、螺纹预紧、齿差调节预紧、单螺母变位螺距预加负荷预紧(4分)。

3. 答:(1)车刀刚性不足或伸出太长引起振动(2分);(2)车刀几何形状不正确,例如选用过小的前角、主偏角和后角(1.5分);(3)刀具磨损等原因(1.5分)。

4. 答:用加工过的表面作为定位的基准称为精基准(1分)。其选择原则如下:(1)基准重合(1分);(2)基准统一(1分);(3)自为基准(0.5分);(4)互为基准(0.5分);(5)保证工件定位准确、夹紧可靠、操作方便(1分)。

5. 答:(1)表面粗糙度影响零件的耐磨性(1分);(2)表面粗糙度影响配合性质的稳定性(1分);(3)表面粗糙度影响零件的强度(1分);(4)表面粗糙度影响零件的抗腐蚀性(1分);(5)表面粗糙度影响零件的密封性(1分)。

6. 答:对刀点选取合理,便于数学处理和编程简单(2分),在机床上容易找正(1.5分),加工过程中便于检查及引起的加工误差小(1.5分)。

7. 答:在分析工件定位时通常用一个支承点限制一个自由度(2分),用合理分布的六个支承点限制工件的六个自由度(2分),使工件在夹具中位置完全确定,称为六点定位(1分)。

8. 答:正确的工艺分析对保证加工质量(1分),提高劳动生产率(1分),降低生产成本(1分),减轻工人劳动强度(1分)以及制定合理的工艺规程(1分)都有极其重要的意义。

9. 答:两种误差会造成车刀刀尖在空间的切削轨迹不是一条直线(1分),从而造成被加工零件外圆表面的圆柱度误差(1分);在螺纹加工中则会造成被加工螺纹的中径、牙型半角和螺距产生误差(3分)。

10. 答:分析零件图纸(1分)、确定工件在车床上的装夹方式(1分)、各表面的加工顺序和刀具的进给路线(1分)以及刀具、夹具和切削用量的选择等(2分)。

11. 答:图样分析主要内容有:数控铣削加工内容的选择(1.5分)、零件结构工艺分析(1.5分)、零件毛坯的工艺性分析(1分)、加工方案分析(1分)等。

12. 答:车刀的刀尖角应等于牙型角(1分);车刀的径向前角等于0°,粗车时允许有5°~15°的径向前角(1.5分);车刀后角因螺纹升角的影响,进给方向的后角较大些(1.5分);车刀的左右切削刃必须是直线(1分)。

13. 答:(1)车床主轴轴线应在前后顶尖的连线上(1.5分);(2)中心孔形状应正确,表面粗糙度值要小(1.5分);(3)在不影响车刀切削的前提下,尾座套筒应尽量伸出短些(1分);(4)两顶尖与中心孔的配合必须松紧合适(1分)。

14. 答:(1)材料软取较大前角,反之则取较小前角(1.5分);(2)粗加工取较小前角,精加工取较大前角(1.5分);(3)车刀材料强度、韧性较差,前角取小值,反之取较大值(2分)。

15. 答:粗加工应取较小值,精加工取较大值(2.5分);工件材料较硬,后角宜取小值,反之取大值(2.5分)。

16. 答:数控加工编程的主要内容有:分析零件图(1分)、确定工艺过程及工艺路线(1分)、计算刀具轨迹的坐标值(1分)、编写加工程序(0.5分)、程序输入数控系统(0.5分)、程序校验(0.5分)及首件试切(0.5分)等。

17. 答:包括的内容有:机床的切削用量(1分)、工步的安排(1分)、进给路线(1分)、加工余量(1分)及刀具的尺寸和型号(1分)等。

18. 答:机床坐标系是机床运动部件的进给运动坐标系,其坐标轴及方向按标准规定(3分)。其坐标原点由厂家设定,称为机床原点(或零点)(2分)。

19. 答:刀位点是指确定刀具位置的基准点(2分)。换刀点是转换刀具位置的基准点(2分)。工件坐标系的原点也称为工件零点或编程零点,其位置由编程者设定(1分)。

20. 答:在一个加工程序的若干位置上,如果存在某一固定顺序且重复出现的内容(1分),为了简化程序可以把这些重复的内容抽出(1分),按一定格式编成子程序(1分),通过循环调用(1分),可简化编程工作(1分)。

21. 答:对刀点是指数控加工时,刀具相对工件的起点(3分)。这个起点也是编程时程序的起点(2分)。

22. 答:工件坐标系是编程人员在编程时使用的坐标系(2分),编程人员为了编程方便(1分),选择工件上某一已知点作为原点(1分),建立一个坐标系,称为工件坐标系(也称编程坐标系)(1分)。

23. 答:准备功能字(1分)、辅助功能字(1分)、进给功能字(1分)、转速功能字(1分)、刀具功能字(1分)。

24. 答:后置处理是把主信息处理的结果转变成具体机床的加工程序(2分),这种系统程序可以实现主信息处理通用化(1.5分),然后针对具体的数控机床编制相应的后置处理程序(1.5分)。

25. 答:编号(0.5分)、工件原点设置(1分)、辅助指令(0.5分)、刀具引入退出的路径

(0.5分)、加工方法(1分)、刀具运动轨迹(0.5分)、其他说明(0.5分)、结束语句(0.5分)。

26. 答:(1)首先确定 Z 方向:传递切削力的主轴轴线方向(1分);(2)其次确定 X 方向:X 方向规定为水平方向,X 坐标的方向在工件的径向上,且平行于横向滑板(2分);(3)最后确定 Y 方向:在确定 X、Z 轴的正方向后,即可按右手笛卡尔坐标系定则确定出 Y 轴正方向(2分)。

27. 答:G00 指令要求刀具以点位控制方式从刀具所在位置用最快的速度移动到指定位置,快速点定位移动速度不能用程序指令设定(2.5分)。G01 指令是以直线插补运算联动方式由某坐标点移动到另一坐标点,移动速度由进给功能指令 F 设定,机床执行 G01 指令时,程序段中必须含有 F 指令(2.5分)。

28. 答:在连续轮廓加工过程中,由于刀具总有一定的半径,而机床的运动轨迹是刀具的中心轨迹,因此,刀具中的运动轨迹并不等于加工零件的轮廓(2分),为了要得到符合要求的轮廓尺寸,在进行加工时必须使刀具偏离加工轮廓一个半径(2分),为了简化编程,所以要进行刀具半径补偿(1分)。

29. 答:刀具半径补偿功能使编程人员只需要根据工件几何轮廓编程,刀具中心轨迹由数控系统自动计算(1分)。

(1)刀补的建立、执行、取消(2分);

(2)左补偿 G41、右补偿 G42、取消补偿 G40(2分)。

30. 答:自动编程的目的是为了解决数控加工高效率(2.5分)和手工编程低效率(2.5分)之间的矛盾。

31. 答:代码是 G04(1分),该指令的作用是可使刀具做短时间(几秒钟)无进给的光整加工(3分),主要应用于车削环槽、不通孔及自动加工螺纹等场合(1分)。

32. 答:G27 是返回参考点检验指令(1分)。作用是用于检查 X 轴和 Z 轴是否能正确返回参考点(2分),执行 G27 指令的前提是机床在通电后必须返回一次参考点(1分),各轴按指令中给定的坐标值快速定位(1分)。

33. 答:G28 是自动返回参考点指令(1分)。执行该指令时,刀具快速移到指令值所指定的中间点位置(1.5分),然后自动返回参考点(1.5分),同时相应坐标方向的指示灯亮(1分)。

34. 答:M03 指令是使主轴或刀具顺时针旋转(2分);M04 指令是使主轴或刀具逆时针旋转(2分);M05 指令是使主轴或刀具停止旋转(1分)。

35. 答:(1)开机,手动返回参考点(1分);(2)将零件装夹到机床上(1分);(3)对加工程序中使用到的刀具进行对刀,并输入刀具补偿值(1分);(4)确定工件坐标系(1分);(5)在自动方式下运行程序加工零件(1分)。

36. 答:(1)工序卡(1分);(2)刀具调整单(刀具卡、刀具表)(2分);(3)机床调整单(1分);(4)数控加工程序单(1分)。

37. 答:选择原则:(1)保证工件的加工精度与表面粗糙度(2分);(2)尽量缩短加工路线,减少刀具空行程时间(1.5分);(3)使数值计算简单,程序段数量少(1.5分)。

38. 答:(1)MDI:手动程序输入(2分);(2)CRT:显示加工信息(1分);(3)操作面板:机床操作(1分);(4)MPG:手动操作(1分)。

39. 答:(1)保证换刀的安全性和准确性(1.5分);(2)在镗削时,保证刀具在退刀时不划伤工件的表面(2分);(3)主轴准停指令 M19(1.5分)。

40. 答:不安全状态是指能导致发生事故的物质条件(1分)。它的表现形式为:(1)防护、保险、信号等装置缺乏或有缺陷(1分);(2)设备、设施、工具、附件有缺陷(1分);(3)个人防护用品、用具等缺少或有缺陷(1分);(4)生产(施工)场地环境不良(1分)。

41. 答:加工信息程序由信号输入装置送到计算机中(1.5分),经计算机处理、运算后,分别送给各轴控制装置(1.5分),经各轴的驱动电路转换、放大后驱动各轴伺服电动机(1分),带动各轴运动(1分),并随时反馈信息进行控制,完成零件的轮廓加工(1分)。

42. 答:(1)工件分粗、精车,粗车夹紧力大些,精车夹紧力小些(2分);(2)应用开缝套筒,使夹紧力均布在工件外圆上不易产生变形(1.5分);(3)应用轴向夹紧夹具可避免变形(1.5分)。

43. 答:(1)机床主轴与轴承之间由于制造及磨损造成的误差(2分);(2)机床导轨磨损造成误差(1分);(3)机床传动误差(1分);(4)机床安装位置误差(1分)。

44. 答:常用的切削液有:(1)水溶液:主要起冷却作用(1.5分);(2)乳化液:主要起冷却作用和清洗作用,高浓度时有润滑作用(2分);(3)切削油:主要起润滑作用(1.5分)。

45. 答:(1)零件加工后零件实际几何参数与理想零件几何参数的相符合程度称为加工精度(2.5分)。(2)加工精度包括:尺寸精度、形状精度和位置精度三方面要求(2.5分)。

46. 答:机械加工工艺过程是机械产品生产过程的一部分(2分),是指采用机械加工的方法(1.5分),直接改变毛坯的形状、尺寸和表面质量等,使其成为零件的过程(1.5分)。

47. 答:(1)伺服定位精度(包括电动机、电路、检测元件)(2分);(2)机械传动精度(1分);(3)几何定位精度(包括主轴回转精度、导轨直线平行度、尺寸精度)(1分);(4)刚度(1分)。

48. 答:(1)传动效率高(85%~98%),运动平稳,寿命高(1.5分);(2)可以预紧以消除间隙,提高系统的刚度(1.5分);(3)摩擦角小,不自锁(1分);(4)传动精度高,反向时无空程(1分)。

49. 答:主轴转速(切削速度)、进给速度(进给量)、背吃刀量(或侧吃刀量)为切削用量三要素(2分)。选择原则:(1)背吃刀量:主要由加工余量与表面粗糙度的要求决定(1分)。(2)进给量:$F = azfs$(1分)。(3)主轴转速的确定:主轴转速与要切削速度的关系为 $S = 1\,000V_c/\pi d$(1分)。

50. 答:(1)较高的抗冲击性与强度(1分);(2)刀具材料硬度高于被切削材料,且耐磨性高(1分);(3)良好的工艺性与经济性(1分);(4)高黏结性(0.5分);(5)良好的耐热性与热导性(1分);(6)化学稳定性(0.5分)。

51. 答:C 轴具有主轴绕 Z 轴插补或分度的功能(2分)。利用主轴编码器检测主轴的运动信号建立与进给系统的联系(3分)。

52. 答:缩短非切削时间,提高生产率,可使非切削时间减少到20%~30%(1分);工序集中(1分),扩大数控机床工艺范围(1分),减少设备占地面积(1分),提高加工精度(1分)。

53. 答:对刀具性能方面要求:(1)强度高(1分);(2)精度高(1分);(3)切削速度与进给速度高(1分);(4)可靠性好(1分);(5)寿命高(0.5分);(6)断屑与排屑性能好(0.5分)。

54. 答:(1)精度要求高的回转体零件(1.5分);(2)表面粗糙度要求高的回转体零件(1.5分);(3)表面形状复杂的回转体零件(1分);(4)带特殊螺纹的回转体零件(1分)。

55. 答:夹具要求:(1)应具有可靠的夹紧力,以防止工件在加工过程中松动(2.5分);(2)较高的定位精度,并便于迅速方便地装、拆工件(2.5分)。

56. 答:常见缺陷:气孔(1分)、缩孔(1分)、砂眼(1分)、粘砂(1分)、裂纹(1分)。

57. 答:(1)回转刀架换刀(1.5分);(2)更换主轴换刀(1分);(3)更换主轴箱换刀(1分);

（4）更换刀库换刀（1.5分）。

58. 答：（1）系统的几何误差（1分）；（2）工艺系统的受力变形（1分）；（3）工艺系统的热变形（1分）；（4）调整误差（0.5分）；（5）工件残余应力引起的误差（0.5分）；（6）数控机床产生误差的独特性（1分）。

59. 答：（1）应尽量减少装夹次数，力争一次装夹后能加工出全部待加工面（2.5分）；（2）在数控机床上补加工的工件如需要二次装夹，要尽可能利用同一基准面以减小加工误差（2.5分）。

60. 答：三爪卡盘、四爪单动卡盘夹具要根据加工工件的类型来选择（2分）。轴类工件的夹具有三爪自定心卡盘、四爪单动卡盘、自动夹紧拨动卡盘、拨齿、顶尖、三爪拨动卡盘等（1.5分）。盘类工件的夹具有可调式卡爪和速度可调卡盘（1.5分）。

61. 答：（1）保证加工质量。一般分为粗加工、半精加工、精加工，逐步提高工件的加工精度，保证加工质量（2.5分）。（2）合理使用设备。在工件加工时，可考虑其中一部分加工在数控机床上完成，另一部分在普通机床上完成，这样可以充分利用数控设备的功效（2.5分）。

62. 答：组合夹具是由预先制造好的标准的组合夹具元件或部件，根据加工零件的不同工序要求组装而成的（2分）。机床夹具的"三化"是标准化、系列化、通用化（3分）。

63. 答：常用的对刀方法有三种（1分）：（1）试切对刀法（1.5分）；（2）机械检测对刀仪对刀（1.5分）；（3）光学检测对刀仪对刀（1分）。

64. 答：（1）提高主轴的回转精度，从而保证零件加工时的回转精度（2分）；（2）通过对机床的调试、检测、精修，保证机床各成形运动之间的位置关系精度（1.5分）；（3）采用对刀具的精确刃磨和准确对刀及安装提高刀具对工件的精确切削（1.5分）。

65. 答：利用压缩空气使切削液雾化（1分），并高速喷向切削区（1分），当微小的液滴碰到灼热的刀具，切削时便很快气化（1分），带走大量的热量（1分），从而能有效地降低切削温度（1分）。

66. 答：常用的有工具钢（包括碳素工具钢、合金工具钢和高速钢）（1分）、硬质合金（1分）、陶瓷（1分）、金刚石（人造和天然）（1分）、立方氮化硼（1分）等。

67. 答：（1）机床的加工范围应与零件加工内容和外廓尺寸相适应（2分）；（2）机床的精度应与工序加工要求的精度相适应（1.5分）；（3）机床的生产率应与零件的生产类型相适应（1.5分）。

68. 答：若车床主轴定心轴颈有径向跳动（1分），则通过夹具上定位元件使工件上的定位表面也产生相应的径向跳动（1.5分），这样最终造成加工表面对工件定位表面之间的定位误差（1分），因此要检验主轴定心轴颈的径向跳动（1.5分）。

69. 答：（1）寿命长，可靠性高，抗干扰能力强（1.5分）；（2）满足精度和速度要求（1.5分）；（3）使用维护方便，适合机床运行环境（1分）；（4）成本低，便于与电子计算机连接（1分）。

70. 答：检测元件应满足的要求是：（1）工作可靠，抗干扰性强（2分）；（2）满足机床的精度和速度要求（1.5分）；（3）维修方便，成本低等（1.5分）。

71. 答：包括几何精度和工件精度（1分）。（1）车床几何精度又包括所组成部件的几何精度和各部件之间的位置精度（2分）。（2）车床工作精度包括精车工件外圆、精车端面和精车螺纹等方面的精度（2分）。

72. 答：（1）系统参数发生变化会直接影响到机床的性能，甚至使机床发生故障，不能工作

(2.5分)。(2)数控机床定位精度的意义是表明所测量的机床各运动部件在数控装置控制下运动所能达到的精度(2.5分)。

73. 答:完整的测量过程包括被测对象(1分)、计量单位(1分)、测量方法(1分)、测量精度(1分)。被测对象指几何量,包括长度、角度、表面粗糙度、形状、位置及其他复杂零件中的几何参数等(1分)。

74. 答:检测元件是数控机床伺服系统的重要组成部分(1分)。它的作用是检测位移和速度(2分),发送反馈信号(1分),构成闭环控制(1分)。

六、综 合 题

1. 答:(1)补画三视图,如图 1 所示。(每个视图 3 分)

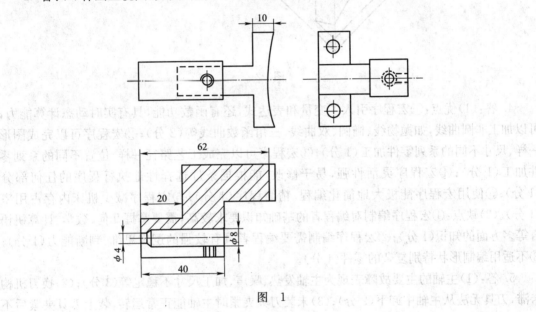

图　1

(2)三个视图的名称为主视图、俯视图、左视图,图中的剖视图取的是全剖视图,是通过螺纹孔的中心沿着零件上下对称面剖切的(1分)。

2. 答:(1)零件采用了三个视图(1分)。

(2)形位公差的含义分别为(4分):

| 一 | 0.015 | | 表示 $\phi20$ 的圆柱面的直线度公差为 0.015。 |

| ○ | 0.01 | | 表示 $\phi20$ 的圆柱面的圆度公差为 0.01。 |

| ↗ | 0.015 | A-B | 表示 $\phi20$ 的端面相对于零件轴心线的跳动公差为 0.015。 |

| ↗ | 0.02 | A-B | 表示 $\phi18$、$\phi14$、$\phi10$ 的圆柱面相对于轴线的跳动公差为 0.02。 |

(3)零件的最大直径为 20.025 mm(1分)。

(4)M12×1.5 表示公称直径为 $\phi12$ mm、螺距为 1.5 mm 的普通细牙螺纹(2分)。

(5)选择零件的轴心线为加工基准(1分)。

(6)零件采用两个剖面视图(1分)。

3. 答:如图 2 所示。(主视图 4 分,左视图和俯视图各 3 分)

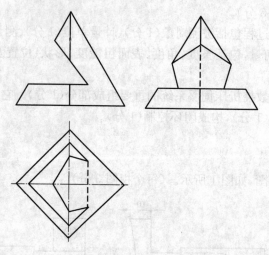

图　2

4. 答:(1)优点:①宏程序引入了变量和表达式,还有函数功能,具有实时动态计算能力,可以加工非圆曲线,如抛物线、椭圆、双曲线、三角函数曲线等(2 分);②宏程序可以完成图形一样、尺寸不同的系列零件加工(1 分);③宏程序可以完成工艺路径一样、位置不同的系列零件加工(1 分);④宏程序灵活性强,易于修改,能根据条件选择性地执行程序的任何部分(1 分);⑤使用宏程序能极大地简化编程,精简程序(1 分);⑥宏程序减少机床内存占用率(1 分)。(2)缺点:①宏程序编制对编程者的基础知识要求较高,需要掌握几何、数学、计算机语言等多方面的知识(1 分);②宏程序编制需要编程者具有较强的逻辑思维、判断能力(1 分);③不适用编制形状特别复杂的零件(1 分)。

5. 答:(1)主轴的主要故障表现为主轴发热、噪声、加工尺寸不稳定等(3 分);(2)换刀机构卡滞,刀具无法从主轴中卸下(2 分);(3)未装刀具夹紧时主轴能正常运转,装上刀具夹紧后不运转(2 分);(4)在正常的加工过程中,主轴经常停止工作,加工过程自动结束(3 分)。

6. 答:(1)牢——夹紧后应保证工件在加工过程中的位置不发生变化(3 分);(2)正——夹紧后应不破坏工件的正确定位(3 分);(3)快——操作方便,安全省力,夹紧迅速(2 分);(4)简——结构简单紧凑,有足够的刚性和强度且便于制造(2 分)。

7. 答:装夹车刀时,必须注意以下几点:(1)为避免产生振动,车刀装夹在刀架上时应尽量伸出的短些,一般以不超过刀杆厚度的 1.5 倍为宜;车刀的垫片要平整,数量要少,并与跟刀架对齐(3 分)。(2)车削外圆时,车刀刀尖应与工件轴线高度相同,车端面时车刀刀尖应严格对准工件中心(3 分)。(3)刀杆中心线应与进给方向垂直,避免车出的台阶与工件轴线不垂直(2 分)。(4)车刀至少要用两个螺钉压紧在刀架上,旋紧时力度合适,否则易损坏螺钉(2 分)。

8. 答:外径千分尺是利用螺旋传动原理,将角位移转变成直线位移来进行长度测量的,微分筒与测微螺杆连接成一体,上面刻有 50 条等分刻线(4 分)。当微分筒旋转一周时,测微螺杆就轴向移动 0.5 mm(2 分),当微分筒转过一格,测微螺杆轴向移动 0.5/50=0.01 mm(2 分),所以千分尺可以读出 0.01 mm(2 分)。

9. 答:如图 3 所示,根据分析可知,B、C 表面间尺寸为封闭环(2 分)。

根据公式:$A_{0max}=A_{1max}-A_{3min}=60-16.67=43.33$ mm(3 分),$A_{0min}=A_{1min}-A_{3max}=60-0.1-16.88=43.02$ mm(3 分);经过计算,A、B 表面间的尺寸为 16.67~16.88 mm,B、C 间的尺寸在公差范围内,符合图纸要求(2 分)。

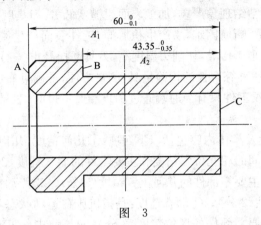

图 3

10.答:(1)对加工的影响:①保护刀具。积屑瘤的硬度为工件材料硬度的 2~3 倍,在刀尖处形成刀尖圆弧,代替切削刃进行切削,保护了切削刃和前刀面,减少了刀具的磨损(2 分)。②增大实际前角。由于积屑瘤的存在,实际前角可增大到 30°~35°,减少了切削变形,降低了切削力(2 分)。③影响工件表面质量和尺寸精度。由于积屑瘤通常不稳定,时大时小,时有时无。在切削过程中,一部分积屑瘤被切屑带走,一部分嵌入已加工表面,使工件表面形成硬点和毛刺,增大了表面粗糙度。积屑瘤改变了实际的切深,影响工件的尺寸精度(2 分)。

(2)如何避免:①控制切削速度大于 60 m/min,小于 5 m/min(1 分);②增大前角,降低切削温度,抑制积屑瘤产生(1 分);③使用切削液(1 分);④减小刀具前刀面的表面粗糙度(1 分)。

11.答:车削梯形螺纹的方法有低速切削和高速切削两种,一般采用高速钢低速切削法加工(2 分),其加工方法:(1)直进切削法:对于精度不高、螺距较小的梯形螺纹可用一把螺纹车刀垂直进刀车成。其特点是排屑困难、易扎刀、切削用量低、刀具易磨损、操作简单、螺纹牙型精度高(2 分)。(2)左右切削法:对螺距大于 4 mm 的梯形螺纹可使用。其特点是排屑顺利、不易扎刀、采用的切削用量高、螺纹表面粗糙度较低(2 分)。(3)三把车刀的直进切削法:对于螺距大于 8 mm 的梯形螺纹可采用。其特点是在大螺距梯形螺纹加工中运用,其他同直进切削法(2 分)。(4)分层剥离法:用于螺距大于 12 mm、牙槽较大而深、材料硬度较高的工件。粗车时采用分层剥离,即用成型车刀斜向进给切到一定深度后改为轴向进给。每次进给的切削深度较小而切削厚度大,切削效率高(2 分)。

12.答:(1)细长轴的加工特点:①切削中工件受热会发生变形(1 分);②工件受切削力作用产生弯曲(1 分);③工件高速旋转时,在离心力的作用下,加剧工件弯曲与振动(2 分)。(2)防止弯曲变形的方法:①用中心架支承车削细长轴(1 分);②使用跟刀架车削细长轴,但接触压力不宜太大,压力过大会把工件车成竹节形(2 分);③减少工件的热变形伸长,使用弹性顶尖,浇注充分的切削液,保持刀尖锋利(1 分);④合理选择车刀的几何形状(1 分);⑤反向进给,车刀从卡盘方向往尾座方向进给(1 分)。

13.答:(1)材料的切削加工性是指其被切削的难易程度,具体是指切削时刀具磨损是否严重,切削后能否得到较好的表面质量,以及切削时是否顺利(4分)。(2)影响切削加工性能的主要因素是材料的物理性能和机械性能,包括强度、硬度、塑性、韧性。切削强度大、硬度高的材料时,切削力大,切削温度高,刀具磨损快;切削高强度及高韧性材料时,消耗切削能量大,切削热量大,切屑与刀具粘结现象严重,加工表面粗糙度低劣,刀具磨损严重;切削高塑性材料时,切屑变形大,发热严重,断屑困难,易产生积屑瘤,工件表面产生鳞刺,表面粗糙;切削导热系数低的材料时,切削热难于传导,切削刃温度高,刀具磨损严重(6分)。

14. 答:螺纹量规是一种综合性的检验量具,测量方便,准确可靠(4分)。它由通端和止端两种组成(2分),一个螺纹工件只有当通端通过和止端通不过时,表示这个工件的尺寸和精度合适(4分)。

15. 答:(1)机床精度及具体内容包括以下四项:①几何精度:几何精度是指机床在不运转情况下(静止状态),部件间的相互位置精度和主要零件的形状精度(2分)。②运动精度:是指机床以工作速度运转时,主要零部件的几何位置精度(2分)。③传动精度:是指机床传动链之间运动的协调性和均匀性(2分)。④动态精度:是指机床在运动状态下,受重力、切削力、各种激振力和温升的作用,主要零部件的形位精度(2分)。(2)卧式车床工作精度检验包括:精车外圆的圆度和圆柱度;精车端面的平面度;精车300 mm 长螺纹的螺距误差(2分)。

16. 答:薄壁工件的车削特点:(1)因工件壁薄,在夹紧力的作用下容易产生变形,从而影响工件的尺寸精度和形状精度(4分);(2)因工件较薄,车削时容易引起热变形,工件尺寸不容易控制(3分);(3)在切削力(特别是径向切削力)的作用下,容易产生振动和变形,影响工件的尺寸精度、形位精度和表面粗糙度(3分)。

17. 答:滚压加工是通过硬度很高的滚珠(或滚柱)对零件表面进行挤压,使工件表面产生塑性变形,将其微观不平度压光挤平,从而提高表面的光洁程度和硬度(6分)。深孔滚压一般采用圆锥形滚柱进行滚压,滚柱前端磨出半径为 2 mm 的圆弧,跟锥面光滑连接(4分)。

18. 答:(1)车削工件时圆度超差:①主轴前后轴承游隙过大(1分);②主轴轴颈的圆度超差(1分)。(2)车削圆柱形工件时产生锥度:①滑板移动对主轴轴线的平行度超差(2分);②床身导轨面严重磨损(2分);③工件装在两顶尖间加工时产生锥度是由于尾座轴线与主轴轴线不重合(2分);④地脚螺栓松动,机床水平变动(2分)。

19. 答:车外圆圆周有振纹的原因:(1)主轴滚动轴承滚道磨损,间隙过大(3分);(2)主轴的轴向窜动过大(2分);(3)大、中、小滑板的滑动表面间隙过大(2分);(4)用后顶尖支承工件切削时,顶尖套不稳定或回转顶尖滚道磨损,间隙过大(3分)。

20. 答:钻、扩、铰孔时,工件孔径扩大或产生喇叭形的原因可能有以下几种:(1)主轴锥孔轴线与尾座顶尖套锥孔轴线对滑板移动的等高度超差(4分);(2)滑板移动对尾座顶尖套锥孔轴线的平行度超差(3分);(3)滑板移动对尾座顶尖伸出方向的平行度超差(3分)。

21. 答:数控车床在进行螺纹切削时需要注意以下几项:(1)螺纹切削中,进给速度倍率无效,进给速度被限制在 100%(2分);(2)螺纹切削中不能停止进给,一旦停止进给,切深便急剧增加,很危险,因此进给暂停在螺纹切削中无效(3分);(3)在螺纹切削程序段后的第一个非螺纹切削程序段期间,按进给暂停键或持续按该键时刀具在非螺纹切削程序段可停止(3分);(4)如果用单程序段进行螺纹切削,执行第一个非螺纹切削的程序段后刀具停止(2分)。

22. 答:FANUC 数控系统 6 是具备一般功能和部分高级功能的中级型 CNC 系统(1分),分成 6M 和 6T 两个品种,它们的硬件部分是通用的,只变更其部分软件来获得不同功能,6T

适用于数控车床,6M 适用于数控铣床和加工中心(1分)。FANUC 数控系统 6 的特点:(1)电路的可靠性高。为了提高动作的可靠性,备有数据奇偶校验、程序对比校验和时序校验等校验功能(2分)。(2)适用于高精度、高效率加工。最小脉冲当量为 1 μm,具有提高加工精度的间隙补偿、丝杠螺距误差补偿等等(2分)。(3)容易编程。备有由用户自己制作特有变量型子程序的用户宏功能(2分)。(4)容易维护保养,现场调试方便(1分)。(5)操作性好,使用安全(1分)。

23. 答:FANUC 数控系统 6 的控制功能包含以下几项:(1)控制轴。6M 的控制轴是 X、Y、Z 三轴,还可以增加选用功能控制第四轴(A、B、C 中的任何一个)(2分)。(2)联动轴数。6M 可进行 X、Y 或 Y、Z 两轴联动(快速进给、切削进给和手动进给),还可以增加选用功能做 X、Y、Z 三轴联动(2分)。(3)定位。用 G00 指令能够进行快速定位,同时进行精度校验;6M 用 G60 指令能保证机床单方向定位,提高定位精度(2分)。(4)插补。直线插补用 G01 指令;圆弧插补用 G02、G03 指令(2分)。(5)螺旋面切削(G02,G03)。6M 能同时进行任意两轴圆弧插补与另一轴直线插补的三轴联动,刀具做螺旋切削运动(2分)。

24. 答:在应用数控编程软件生成数控程序时,经过建立坐标系(2分)、选择刀具和加工策略及其他相关设置后生成在机床上加工零件的刀具轨迹(2分),由于各种类型的机床在物理结构和控制系统方面的不同(2分),它们对 NC 程序中指令和格式的要求通常也不同(2分),因此编程软件内部生成的刀轨数据需要经过处理,才能适应不同机床及其控制系统的特定要求,把对应机床的刀位文件编译成对应机床的 NC 程序的过程就是后置处理过程,它是一个代码编译与执行的过程(2分)。

25. 答:常用的对刀方法有三种:(1)试切对刀法。试切后,使每把刀的刀尖与端面、外圆母线的交点接触,利用这一交点为基础,计算出每把刀的刀偏值(4分)。(2)机械检测对刀仪对刀。使每把刀的刀尖与百分表测头接触,得到两个方向的刀偏量(3分)。(3)光学检测对刀仪对刀。使每把刀的刀尖对准刀镜的十字线中心,以十字线中心为基准得到每把刀的刀偏量(3分)。

26. 答:(1)切断刀安装时应注意以下几个方面:①切断刀不宜伸出过长,刀尖中心线必须装得跟工件轴线垂直,以保证两副偏角相等(2分);②切断实芯工件时,切断刀必须装得跟工件轴线等高,否则不能切到中心,而且容易使切断刀折断(2分);③切断刀底面应平整,否则会使两副偏角不对称(2分)。(2)切断刀折断的主要原因有:①切断刀的几何形状刃磨的不正确(1分);②切断刀装夹时与工件轴线不垂直(1分);③进给过大(1分);④切断刀前角太大(1分)。

27. 答:(1)多线螺纹的分线方法有:小拖板刻度分线法、量块分线法、挂轮分线法、分度盘分线法(2分)。(2)分度盘分线法操作方便,精度高,适合批量生产(2分)。(3)车削多线螺纹时应注意以下几个问题(6分):①车每一条螺旋槽时吃刀深度应相等;②将每一槽都粗车完成后,再精车;③用左右切削法车削螺纹时,应注意保证车刀左右"借刀量"相等。

28. 答:图 4 加工程序:

%120

G50 X100 Z200;(5分)

T0101;

G90 G0 X28 Z2 M03 M07 S800;

#1=－3;(Z)

WHILE #1 GE －81 DO1;(粗加工控制)

#2=SQRT[100+#1]/8;(X)

G0 Z[#1+0.3];

G1 X[#2-0.3] F0.3;

G0 X28 W2;

#1=#1-3;

END1;

#10=0.2;(5分)

#11=0.2;

WHILE #10 GE 0 DO1;(半精、精加工控制)

#1=－81;

G0 Z-81 S1500;

WHILE #1 LT 0.5 DO2;(曲线加工控制)

#2=SQRT[100+#1]/8;(X)

G1 X[#2-#10] Z[#1+#11] F0.1;

#1=#1+0.3;

END2;

G0 X28;

#10=#10-0.2;

#11=#11-0.2;

END1;

G0 X100 Z200 M05 M09;

T0100;

M30;

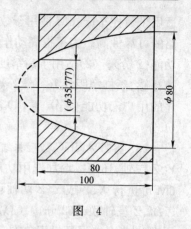

图　4

29. 答:(1)节点如图5所示(1分)。

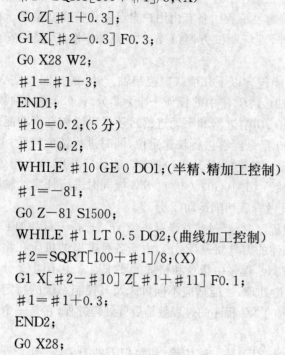

图　5

(2)装夹方式:采用一夹一顶的方式装夹(1 分)。先加工完成 $\phi56(0,-0.01)$,保证总长 165 mm。

刀具列表\切削用量:

①粗车刀 T01,93°,后角 35°,$S=600$,$T=1.5$,F0.35。

②精车刀 T02,$S=1\,200$,$T=0.3$,F0.1。

③螺纹车刀 T03,$S=600$,$T=1$,F3。

(3)数控程序:

(粗加工程序)

00001

G00 X200 Z10;(1 分)

T0101 M03 S600;

M08;

G00 X60 Z2;

G73 U15 R10;(2 分)

G73 P5 Q10 U0.3 W0.1 F0.35;

N5　G00 X57;

G01 Z0;

G01 X26;

G01 X30 Z-2;

G01 Z-23;

G01 X26;

G01 Z-25;

G01 X36 Z-35;

Z-45;

G02 X30 Z-54 R15;

G02 X40 Z-69 R25;

G03 X40 Z-99 R25;

G02 X34 Z-108 R15;

G01 Z-113;

N10　G01 X56 Z-154;(2 分)

G00 X200 Z10 T0100;

T0202;

S1200 M03;

G00 X60 Z2;

G70 P5 Q10 F0.1;

G00 X60 Z2;

G00 X200 Z100200;

T0303;(螺纹程序)(3 分)

G00 X35 Z2;

G92 X29 Z−23 F3；

　X28；

　X27；

　X26.5；

　X26.5；

　G00 X60；

　Z2；

　G00 X200 Z10 T0300；

　M05；

　M30；

30. 答：(1)加工顺序及需要的刀具(1分)：

先加工 $\phi30$ 外圆，掉头加工椭圆曲面。

　1号刀：93°正偏刀；2号刀：切槽刀；3号刀：圆弧车刀；4号刀：镗孔刀；5号刀：内切槽刀；6号刀：60°内螺纹车刀。

(2)加工程序：

%0001(左端加工主程序)

G90 G94 G0 X80 Z100 T0101 S800 M03；(1分)

G0 X38 Z0；

G01 X16 F100；

G0 X30.5 Z2；

G01 Z−30；

G0 X40 Z2 M5；

M00；

S1200 M03 T0101；

G0 X26 Z1；

G01 X29.958 Z−1；

Z−30；

G0 X100 Z100 M05；

M00；

S600 M03 T0404；(1分)

G0 X17.8 Z2；

G01 Z−24 F60；

X16；

G0 Z2；

G0 X21；

G01 Z−6；

X18；

G0 Z2；

X23.5；

G01 Z—6；

X18；

G0Z2；

X23.5；

G01 Z—6；

G0 Z100；

X100 M05；

M00；

S1200 M03 T0404；(1分)

G0 X28 Z1；

G01 X24.042 Z—1 F60；

Z—6；

X20.34；

X18.34 Z—7；

Z—24；

X16；

G0 Z100；

X100 M05；

M00；

S420 M03 T0505；(1分)

G0 X16 Z2；

G01 Z—23；

G01 X21 F20；

X16；

Z—24；

X21；

X16；

G0 Z100；

X100 M05；

M00；

M03 S600 T0606；(1分)

G0 X10 Z3；

G82 X19.14 Z—22 F1.5；

G82 X19.64 Z—22 F1.5；

G82 X19.94 Z—22 F1.5；

G82 X20 Z—22 F1.5；

G0 Z100；

X100 M05；

M30；

%0002(椭圆及 R16 mm 圆弧加工主程序)(2 分)

G90 G94 G0 X80 Z100 T0101 S800 M03；

G0 X38 Z0；

G01 X0 F80；

G0 X32 Z0；

G01 Z－55；

G0 X100 Z100 T0303；

G0 X32 Z2；

#50＝30；(设置最大切削余量)(1 分)

WHILE #50 GE 1；

M98P0003；(调用椭圆子程序粗加工椭圆)

#50＝#50－2；

ENDW；

M05；

M00；

S1500 M03 F60；

G46 X1500 P2500；

G96 S240；

M98 P0003；

G97 G0 X100；

Z100 M05；

M30；

%0003(椭圆及 R16 圆弧加工子程序)(1 分)

%0003

#1＝30；

#2＝15；

#3＝0；

WHILE #3 GE[－47.282]；

#4＝15×SQRT[#1×#1－#3×#3]/30；

G01 X[2×#4+#50] Z[#3]；

#3＝#3－0.4；

ENDW；

W－1；(车 R16 圆弧)

G02 X30 Z－58 R16；

G0 U2；

Z2；

M99；

31. 答：(1)加工流程：先加工右端 φ48 外圆、锥孔、螺纹底孔；切断保证长度 50 mm；调头校正，倒角并加工 M30×15 内螺纹。刀具选用：93°外圆刀、切槽刀(刀宽 4 mm)、60°内螺纹车刀、内镗孔刀(1分)。

(2)数控程序:

%0001

N5　G90 G94;

N10　M03 S800 T0101;(1分)

N15　G0 X55 Z0;

N20　G01 X30 F80;

N25　G0 X50 Z2;

N30　G71 U1.5 R1 P60 Q80 X0.5 Z0.1 F150;

N35　G0 X100 Z100;

N40　M05;

N45　M00;

N50　M03 S1500 T0101 F80;

N55　G0 X50 Z2;

N60　G01 X45;

N65　Z0;

N70　X48 Z−1.5;

N75　Z−55;

N80　X50;

N85　G0 X100 Z100;

N90　M05;

N95　M00;

N100　M03 S800 T0404;(2分)

N105　G0 X20 Z5;

N110　G71 U1 R0.5 P145 Q175 X−0.5 Z0.1 F120;

N115　G0 Z100;

N120　G40 X100;

N125　M05;

N130　M00;

N135　M03 S1200 T0404 F80;(2分)

N140　G0 X20 Z5;

N145　G41 G01 X37.414;

N150　Z0;

N155　X36 Z−0.7071;

N160　X33 Z−30;

N165　X31.3;

N170　X28.3 Z−31.5;

N175　Z−55;

N180　X19.5;

N185　G0 Z100;

N190　G40 X100;

N195　M05;

N200　M00;

N205　M03 S600 T0202 F25;

N210　G0 X50 Z−54;

N215　G01 X27;

N220　G0 X100;

N225　Z100;

N230　M05;

N235　M30;

%0002(左端加工)

N0　G0 G94;(2 分)

N5　S1000 M03 T0404 F80;

N10　G0 X32 Z1;

N15　G01 X27 Z−1.5;

N20　G0 Z100;

N25　X100;

N30　M05;

N35　M00;

N40　M03 S1000 T0606;(2 分)

N45　G0 X28 Z5;

N50　G76 C2 R−1 E−0.5 A60 X60 X30.05 Z−21 K0.93 U−0.05 V0.08 Q0.4 P0 F1.5;

N55　G0 Z100;

N60　X100;

N65　M05;

N70　M30;

32. 答:编辑程序如下:

程序	注释
0001	程序号
N10　G28 U0;(2 分)	自动回归 X 轴圆点
N11　G28 W0;	自动回归 X 轴圆点
N12　G50 S2000;	设定主轴最高转速
N13　G00 X200.0 Z175.0	移向换刀位置
N14　M01;	选择停止
N15　G28 W0;	
外圆粗切削	

续上表

N21	T0300 M40;(4 分)	选 3 号刀,主轴底速区
N22	G40 G97 S635 M08;	
N23	G00 G41 Z2.0 T0303 M03;	刀尖 R 左刀补,Z 轴进给
N24	X65.0	
N25	G96 S130;	周速一定,$V=130$ mm/min
N26	G01 X55.0 F2.0;	接近切削位置
N27	G42 Z—139.1 F0.4;	刀尖右补偿,加工
N28	X56.4 Z—140.8;	
N29	Z—241.8;	
N30		
N31	X63.0;	
N32	G00 G41 Z2.0;	刀尖切换左补偿
N33	X46.0;	刀尖切换右补偿,加工
N34	X56.0 Z—91.2;	
N35	G97 S730;	切换主轴转速挡,取消周速
N36	G00 G41 Z2.0;	刀尖切换左补偿
N37	M41;	主轴高速区
N38	G96 S130.0;	周速一定
N39	X50.0;	
N40	G00 X40.0 F1.5;	切深
N41	G42 Z89.8 F0.4;	刀尖切换右补偿,加工
N42	X50.4 Z—98.66;	
N43	Z—139.8;	
N44		
N45	X61.0;	
N46	G00 G41 Z2.0;	刀尖 R 补偿方向切换左侧
N47	G01 X29.4 F1.2;	切深
N48	G42 X35.4 Z—10.0 F0.2;	刀尖 R 补偿方向切换右侧,加工
N49	Z—39.8;	
N50	X37.4;	
N51	X42.4 Z—42.3;	
N52	G00 X50.0;	
N53	G40 G97 X21.0 Z10.0 S825 T0300;	刀尖 R 补偿取消,周速一定取消
N54	M01;	
外圆精加工		
N61	T0700 M41;(4 分)	
N62	G97 G40 S1350 M08;	选择 7 号刀

N63	G00 G41 Z2. 0 T0707 M03；	刀尖左补偿，3 号刀补，Z 轴进给
N64	X40. 0；	
N65	G96 S170；	
N66	G01 X29. 0 F1. 0；	接近切削位置
N67	G42 X35. 0 Z—10. 0 F0. 15；	刀尖切换右补偿，加工
N68	Z—40. 0；	
N69	X37. 0；	
N70	X40. 0 Z—41. 5；	
N71	X50. 0 Z—98. 66；	
N72	Z—140. 0 F0. 2；	
N73	X54. 0；	
N74	X56. 0 Z—141. 0；	
N75	Z—242. 0；	
N76	X65. 0；	
N77	G00 G40 G97 X210. 0 Z10. 0 S835 T0700；	刀尖 R 补偿取消，周速一定取消
N78	M01；	
N79	G28 U0 W0 T0300；	自动原点回归
N80	M30；	程序结束

33. 答：编辑程序如下：

程序	注释
0002	程序号
N10　G28 U0；(1 分)	自动回归 X 轴原点
N11　G28 W0；	自动回归 Z 轴原点
N12　G50 S2000；	设定主轴最高转速
N13　G00 X200. 0 Z175. 0；	移向换刀位置
N14　M01；	选择停止
外径、端面粗车削(2 分)	
N15　T0100 M40；	
N16　G40 G97 S350 M08；	
N17　G00 X110. 0 Z10. 0 T0101 M03；	
N18　G01 G96 Z0. 2 F3. 0 S120；	
N19　X45. 0 F0. 2；	
N20　Z3. 0；	
N21　G00 G97 X93. 0 S400；	
N22　G01 Z—17. 8 F0. 3；	
N23　X97. 0；	
N24　G00 Z3. 0；	

续上表

N25	G42 X85.4；	刀尖 R 补偿开始，右侧
N26	G01 Z—15.0；	
N27	G00 G41 Z—3.8；	刀尖补偿方向切换，左补偿
N28	G01 X95.0；	
N29	X64.8 Z3.0；	
N30	G00 G40 X200.0 Z175.0；	刀尖 R 补偿完了，取消刀补
N31	M01；	选择停止

内孔粗加工（2 分）

N32	T0400 M40；	
N33	G40 G97 S650 M08；	
N34	G00 X54.6 Z10.0 T0404 M03；	
N35	G01 Z3.0 F2.0；	
N36	Z—27.0 F0.4；	
N37	X53.0；	
N38	G00 Z3.0；	
N39	G41 X69.2；	刀尖 R 左补偿
N40	G01 X59.6；	
N41	Z—14.8 F0.4；	
N42	X53.0；	
N43	G00 G42 Z100.0；	刀尖 R 切换右补偿
N44	G40 X200.0 Z175.0 T0400；	刀尖 R 补偿完了，取消刀补
N45	M01；	选择停止

外径、端面精车削（2 分）

N46	T0700 M41；	
N47	G40 G97 S1100 M08；	
N48	G00 G42 X58.0 Z10.0 T0707 M03；	刀尖右补偿开始
N49	G01 G96 Z0 F1.5 S200；	
N50	X70.0 F0.2；	
N51	X78.0 Z—4.0；	
N52	X83.0；	
N53	X85.0 Z—5.0；	
N54	Z—15.0；	
N55	G02 X91.0 Z—18.0 R3.0 F0.15；	
N56	G01 X94.0；	
N57	X97.0 Z—19.5；	
N58	X100.0；	
N59	G00 G40 G97 X200.0 Z175.0 S1000 T0700；	刀尖 R 补偿完了，取消刀补

程序	注释
N60　M01；	选择停止
内孔精加工（3分）	
N61　T0800 M41；	
N62　G40 G97 S1000 M08；	
N63　G00 G41 X70.0 Z10.0 T0808 M03；	刀尖 R 右补偿
N64　G01 G96 Z3.0 F1.5 S200；	
N65　X60.0 Z−2.0 F0.2；	
N66　Z−15.0 F0.15；	
N67　X57.0 F0.2；	
N68　X55.0 Z16.0；	
N69　Z−27.0；	
N70　X53.0；	
N71　G00 G42 Z10.0 M09；	刀尖切换右补偿
N72　G40 G97 X200.0 Z175.0 S500 T0800 M05；	刀尖补偿完了，取消刀补
N73　M01；	选择停止
N74　G28 U0 W0 T0300；	自动原点回归
N75　M30；	结束

34. 答：（1）工艺分析（4分）：

此工件的车削加工包括车：端面、倒角、外圆、锥面、圆弧过渡面、切槽加工和切断。

①选择刀具。T1 为外圆车刀；T2 为切刀，刀刃宽 4 mm；T3 为螺纹刀。

②工艺路线。首先车削外形，然后进行切槽加工，最后车螺纹。

③确定切削用量。车外圆：主轴转速为 600 r/min，进给速度为 0.15 mm/r。

　　　　　　　　切槽：主轴转速为 300 r/min，进给速度为 0.15 mm/r。

　　　　　　　　车螺纹：主轴转速为 200 r/min。

④数值计算。

螺纹大径：$D_大 = D_{公称} − 0.1 × 螺距 = (12 − 0.1 × 1)\,mm = 11.8\ mm$

螺纹小径：$D_小 = D_{公称} − 1.3 × 螺距 = (12 − 1.3 × 1)\,mm = 10.7\ mm$

螺纹加工引入量 3 mm，超越量 2 mm。

（2）数控程序（6分）：

设定车刀刀尖的起始位置为（200，300），程序如下：

程序	注释
00001	程序号
N101　G50 X200.0 Z300.0；	建立工件坐标系
N102　S600 M03 T0101 M08；	主轴运转，换 T1，建立刀补，开冷却液
N103　G00 X0 Z2.0；	快速接近工件至 A 点
N104　G01 Z0 F0.15；	以进给速度到达 O_P 点

N105 X10.0;	车端面
N106 X11.8 Z−0.9;	倒角
N107 Z−14.0;	车螺纹外表面
N108 X16.0 Z−38.0;	车锥面
N109 X10.0 Z−38.0;	车倒锥面
N110 G02 X18.0 Z−42.0 I4.0 K0;	顺圆加工
N111 G03 X24.0 Z−45.0 IO K-3;	逆圆加工
N112 G01 Z-50.0;	车大外径
N113 G00 X200.0 Z300.0 M05 T0100 M09;	快速返回起始点,取消刀补,主轴停
N114 S300 M03 T0202 M08;	主轴转,换 T2 并建立刀补,冷却液开
N115 G00 X16.0 Z−12.0;	快速接近工件
N116 G01 X9.0 F0.15;	切槽
N117 G04 X5.0;	暂停 5 s
N118 G00 X200.0;	径向退刀
N119 Z300.0 M05 T0200 M09;	快速返回起始点,取消刀补,主轴停
N120 S200 M03 T0303 M08;	主轴转,换 T3 并建立刀补,冷却液开
N121 G00 X16.0 Z3.0;	刀具定位至螺纹车削循环点
N122 G92 X11.3 Z−12.0 F1.0;	螺纹循环,螺距为 1 mm
N123 X11.0;	螺纹切削第二刀
N124 X10.7;	螺纹切削第三刀
N125 G00 X200.0 Z300.0 M05 T0300 M09;	快速返回始点,取消刀补,主轴停
N126 S300 M03 T0202 M08;	主轴转,换 T2 并建立刀补,开冷却液
N127 G00 X30.0 Z−52.0;	刀具定位至切断点
N128 G01 Z0 F0.15;	切断
N129 G00 X200.0 Z300.0 M05 T0200 M09;	快速返回始点,取消刀补,主轴停
N130 M30;	程序结束

数控车工(中级工)技能操作考核框架

一、框架说明

1. 依据《国家职业标准》注,以及中国北车确定的"岗位个性服从于职业共性"的原则,提出数控车工(中级工)技能操作考核框架(以下简称:技能考核框架)。

2. 本职业等级技能操作考核评分采用百分制。即:满分为 100 分,60 分为及格,低于 60 分为不及格。

3. 实施"技能考核框架"时,考核制件(活动)命题可以选用本企业的加工件(活动项目),也可以结合实际另外组织命题。

4. 实施"技能考核框架"时,考核的时间和场地条件等应依据《国家职业标准》,并结合企业实际确定。

5. 实施"技能考核框架"时,其"职业功能"的分类按以下要求确定:

(1)"数控编程"、"数控车床操作"、"零件加工"属于本职业等级技能操作的核心职业活动,其"项目代码"为"E"。

(2)"加工准备"、"数控车床维护和故障诊断"属于本职业等级技能操作的辅助性活动,其"项目代码"分别为"D"和"F"。

6. 实施"技能考核框架"时,其"鉴定项目"和"选考数量"按以下要求确定:

(1)按照《国家职业标准》有关技能操作鉴定比重的要求,本职业等级技能操作考核制件的"鉴定项目"应按"D"+"E"+"F"组合,其考核配分比例相应为:"D"占 10 分,"E"占 85 分(其中:数控编程 20 分,数控车床操作 5 分,零件加工 60 分),"F"占 5 分。

(2)依据中国北车确定的"核心职业活动选取 2/3,并向上取整"的规定,在"E"类鉴定项目——"数控编程"、"数控车床操作"与"零件加工"的全部 11 项中,至少选取 8 项。

(3)依据中国北车确定的"其余'鉴定项目'的数量可以任选"的规定,"D"和"F"类鉴定项目——"加工准备"、"数控车床维护和故障诊断"中,至少分别选取 1 项。

(4)依据中国北车确定的"确定'选考数量'时,所涉及'鉴定要素'的数量占比,应不低于对应'鉴定项目'范围内'鉴定要素'总数的 60%,并向上取整"的规定,考核制件(活动)的鉴定要素"选考数量"应按以下要求确定:

①在"D"类"鉴定项目"中,在已选定的至少 1 个鉴定项目中,至少选取已选鉴定项目所对应的全部鉴定要素的 60%项,并向上保留整数。

②在"E"类"鉴定项目"中,在已选定的至少 8 个鉴定项目所包含的全部鉴定要素中,至少选取总数的 60%项,并向上保留整数。

③在"F"类"鉴定项目"中,在已选定的 1 个或全部鉴定项目中,至少选取已选鉴定项目所对应的全部鉴定要素的 60%项,并向上保留整数。

举例分析:

按照上述"第 6 条"要求,若命题时按最少数量选取,即:在"D"类鉴定项目中选取了"读图与绘图"1 项,在"E"类鉴定项目中选取了"计算机辅助编程"、"操作面板"、"对刀"、"轮廓加工"、"螺纹加工"、"槽类加工"、"孔加工"和"零件精度检验"8 项,在"F"类鉴定项目中选取了"数控车床故障诊断"1 项,则:

此考核制件所涉及的"鉴定项目"总数为 10 项,具体包括:"读图与绘图"、"计算机辅助编程"、"操作面板"、"对刀"、"轮廓加工"、"螺纹加工"、"槽类加工"、"孔加工"、"零件精度检验"、"数控车床故障诊断";

此考核制件所涉及的鉴定要素"选考数量"应为 16 项,具体包括:"读图与绘图"鉴定项目包括的全部 3 个鉴定要素中的 2 项,"计算机辅助编程"、"操作面板"、"对刀"、"轮廓加工"、"螺纹加工"、"槽类加工"、"孔加工"和"零件精度检验"8 个鉴定项目包括的全部 19 个鉴定要素中的 12 项,"数控车床故障诊断"1 个鉴定项目包括的全部 2 个鉴定要素中的 2 项。

7. 本职业等级技能操作需要两人及以上共同作业的,可由鉴定组织机构根据"必要、辅助"的原则,结合实际情况确定协助人员的数量。在整个操作过程中,协助人员只能起必要、简单的辅助作用。否则,每违反一次,至少扣减应考者的技能考核总成绩 10 分,直至取消其考试资格。

8. 实施"技能考核框架"时,应同时对应考者在质量、安全、工艺纪律、文明生产等方面行为进行考核。对于在技能操作考核过程中出现的违章作业现象,每违反一项(次)至少扣减技能考核总成绩 10 分,直至取消其考试资格。

注:按照中国北车规定,各《职业技能操作考核框架》的编制依据现行的《国家职业标准》或现行的《行业职业标准》或现行的《中国北车职业标准》的顺序执行。

二、数控车工(中级工)技能操作鉴定要素细目表

职业功能	鉴定项目				鉴定要素		
	项目代码	名 称	鉴定比重(%)	选考方式	要素代码	名 称	重要程度
加工准备	D	读图与绘图	10	任选	001	中等复杂程序(如曲轴)的零件图识图	X
					002	绘制简单的轴、盘类零件图	X
					003	进给机构、主轴系统的装配图的识图	Y
		制定加工工艺			001	读懂复杂零件的数控车床加工工艺文件	X
					002	编制简单(轴、盘)零件的数控车床加工工艺文件	X
		零件定位与装夹			001	能使用通用夹具(如三爪自定心夹盘、四爪单动卡盘)进行零件装夹与定位	X
		刀具准备			001	根据数控车床加工工艺文件选择、安装和调整数控车床常用刀具	X
					002	刃磨常用车削刀具	Y
数控编程	E	手工编程	20	至少选8项	001	编制由直线、圆弧组成的二维轮廓数控加工程序	X
					002	编制螺纹加工程序	X
					003	运用固定循环、子程序进行零件的加工程序编制	X

140

数 控 车 工

续上表

职业功能	鉴定项目				鉴定要素		
	项目代码	名　称	鉴定比重(%)	选考方式	要素代码	名　称	重要程度
数控编程		计算机辅助编程			001	使用计算机绘图设计软件编制简单(轴、盘、套)零件图	Y
					002	利用计算机绘图软件计算节点	Y
数控车床操作		操作面板			001	按照操作规程启动及停止机床	X
					002	使用操作面板上的常用功能键(如回零、手动、MDI等)	X
		程序输入与编辑	5		001	通过各种途径(如手工、DNC、网络等)输入加工程序	X
					002	通过操作面板编辑加工程序	X
		对刀			001	对刀操作并确定相关坐标系	X
					002	设置刀具参数	X
		程序调试与运行			001	对程序进行检验、单步执行、空运行并完成零件试切	X
零件加工	E	轮廓加工			001	尺寸公差等级:IT6	X
					002	形位公差等级:IT8	X
					003	表面粗糙度:$R_a1.6\ \mu m$	X
		螺纹加工			001	尺寸公差等级:IT6~IT7	X
					002	形位公差等级:IT8	X
					003	表面粗糙度:$R_a1.6\ \mu m$	X
		槽类加工	60		001	尺寸公差等级:IT8	X
					002	形位公差等级:IT8	X
					003	表面粗糙度:$R_a3.2\ \mu m$	X
		孔加工			001	尺寸公差等级:IT7	X
					002	形位公差等级:IT8	X
					003	表面粗糙度:$R_a3.2\ \mu m$	X
		零件精度检验			001	进行零件的长度、内径、外径、螺纹、角度精度检验	X
数控车床维护和故障诊断	F	数控车床日常维护	5	任选	001	根据说明书完成数控车床的定期及不定期维护保养,包括:机械、电、气、液压、冷却数控系统检查和日常保养等	X
		数控车床故障诊断			001	读懂数控系统的报警信息	X
					002	发现并排除由数控程序引起的数控车床的一般故障	X

注:重要程度中 X 表示核心要素,Y 表示一般要素,Z 表示辅助要素。下同。

数控车工(中级工)
技能操作考核样题与分析

职 业 名 称：＿＿＿＿＿＿＿＿＿＿

考 核 等 级：＿＿＿＿＿＿＿＿＿＿

存 档 编 号：＿＿＿＿＿＿＿＿＿＿

考核站名称：＿＿＿＿＿＿＿＿＿＿

鉴定责任人：＿＿＿＿＿＿＿＿＿＿

命题责任人：＿＿＿＿＿＿＿＿＿＿

主管负责人：＿＿＿＿＿＿＿＿＿＿

中国北车股份有限公司劳动工资部制

职业技能鉴定技能操作考核制件图示或内容

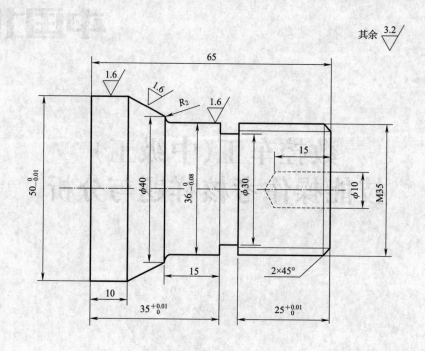

职业名称	数控车工
考核等级	中级工
试题名称	阶梯轴
材质等信息：45 号钢	

职业技能鉴定技能操作考核准备单

职业名称	数控车工
考核等级	中级工
试题名称	阶梯轴

一、材料准备

1. 材料规格:零件材料为 45 号钢。
2. 坯件尺寸:ϕ55 mm×80 mm。

二、设备、工、量、卡具准备清单

序号	名　称	规　格	数　量	备　注
1	游标卡尺	0～150 mm,精度 0.02 mm	1	
2	千分尺	0～25 mm,25～50 mm	各1	
3	万能量角器	0～320°,精度 2′	1	
4	螺纹塞规	M24×1.5-6H	1	
5	百分表	0～10 mm,精度 0.01 mm	1	
6	磁性表座		1	
7	R规	R7～R14.5	1副	
8	内径量表	18～35 mm,精度 0.01 mm	1	

三、考场准备

1. 相应的公用设备、设备与器具的润滑与冷却等。
2. 相应的场地及安全防范措施。
3. 其他准备。

四、考核内容及要求

1. 考核内容

按职业技能鉴定技能操作考核制件图示或内容制作。

2. 考核时限

应满足国家职业技能标准中的要求,本试题为 240 min。

3. 考核评分(表)

按职业技能鉴定技能考核制件(内容)分析表中的配分与评分标准执行。

职业名称	数控车工		考核等级		中级工
试题名称	阶梯轴		考核时限		240 min
鉴定项目	考核内容	配分	评分标准	扣分说明	得分
制定加工工艺	编制零件加工工艺路线	3	不合理一项扣1分		
读图与绘图	标明图中符号含义	2	每错一处扣1分		

鉴定项目	考核内容	配分	评分标准	扣分说明	得分
刀具准备	根据数控车床加工工艺文件选择常用刀具	3	不合理一项扣1分		
	刃磨特殊车削刀具	2	不合理一项扣1分		
手工编程	运用固定循环、子程序进行零件的加工程序编制	12	程序每错一处扣2分		
计算机辅助编程	利用计算机绘图软件计算节点	8	不正确不得分		
操作面板	通过MDI输入程序	2	不会操作全扣		
对刀	对刀操作并确定相关坐标系	3	坐标系不正确全扣		
轮廓加工	轴径公差等级:IT6	4	每超差0.01 mm或2′扣2分		
	形位公差等级:IT8	4	超差0.01 mm扣1分		
	表面粗糙度:$R_a1.6\ \mu m$	6	每错一处扣1分		
切削槽加工	尺寸公差等级:IT6	6	超差不得分(3处)		
	形位公差等级:IT8	6	超差不得分		
	表面粗糙度:$R_a1.6\ \mu m$	6	超差不得分		
螺纹加工	尺寸公差等级:IT6	4	超差全扣		
	形位公差等级:IT8	3	超差0.01 mm扣1分		
	表面粗糙度:$R_a1.6\ \mu m$	3	每错一处扣1分		
孔加工	尺寸公差等级:IT6	3	超差0.01 mm扣2分		
	形位公差等级:IT8	3	超差0.01 mm扣1分		
	表面粗糙度:$R_a1.6\ \mu m$	2	每错一处扣1分		
零件精度检验	进行零件的长度、内径、外径、螺纹、角度精度检验	10	每错一处扣2分		
数控车床故障诊断	读懂数控系统的报警信息	2	每错一处扣1分		
	发现并排除由数控程序引起的数控车床的一般故障	3	每一处不能排除扣1分		
质量、安全、工艺纪律、文明生产等综合考核项目	考核时限	不限	每超时5 min扣10分		
	工艺纪律	不限	依据企业有关工艺纪律管理规定执行,每违反一次扣10分		
	劳动保护	不限	依据企业有关劳动保护管理规定执行,每违反一次扣10分		
	文明生产	不限	依据企业有关文明生产管理规定执行,每违反一次扣10分		
	安全生产	不限	依据企业有关安全生产管理规定执行,每违反一次扣10分,有重大安全事故,取消成绩		

4. 技术要求

(1)锐边倒角 C0.3;

(2)未注倒角 C1;

(3)圆弧过渡光滑；

(4)不允许砂纸、锉刀进行修磨；

(5)未注尺寸公差按 GB/T 1840—1989 加工检验。

5. 考试规则

(1)本次考试时间为 240 min，每超时 5 min 扣 10 分；

(2)违反工艺纪律、安全操作、文明生产、劳动保护等，每次扣 10 分；

(3)有重大安全事故、考试作弊者取消其考试资格，判零分。

职业技能鉴定技能考核制件(内容)分析

职业名称	数控车工
考核等级	中级工
试题名称	阶梯轴
职业标准依据	国家职业标准

试题中鉴定项目及鉴定要素的分析与确定

分析事项　鉴定项目分类	基本技能"D"	专业技能"E"	相关技能"F"	合计	数量与占比说明
鉴定项目总数	4	11	2	17	核心技能"E"满足鉴定项目占比高于2/3的要求
选取的鉴定项目数量	2	9	1	12	
选取的鉴定项目数量占比(%)	50	82	50	70	
对应选取鉴定项目所包含的鉴定要素总数	4	25	3	32	鉴定要素数量占比大于60%
选取的鉴定要素数量	4	17	2	23	
选取的鉴定要素数量占比(%)	100	68	67	72	

所选取鉴定项目及相应鉴定要素分解与说明

鉴定项目类别	鉴定项目名称	国家职业标准规定比重(%)	《框架》中鉴定要素名称	本命题中具体鉴定要素分解	配分	评分标准	考核难点说明
"D"	制定加工工艺	10	编制零件加工工艺路线	编制零件加工工艺路线	3	不合理一项扣1分	
			绘制简单的轴、盘类零件图	标明图中符号含义	2	每错一处扣1分	
	刀具准备		根据数控车床加工工艺文件选择、安装和调整数控车床常用刀具	根据数控车床加工工艺文件选择常用刀具	3	不合理一项扣1分	
			刃磨特殊车削刀具	刃磨特殊车削刀具	2	不合理一项扣1分	
"E"	手工编程	20	运用固定循环、子程序进行零件的加工程序编制	运用固定循环、子程序进行零件的加工程序编制	12	程序每错一处扣2分	难点
	计算机辅助编程		利用计算机绘图软件计算节点	利用计算机绘图软件计算节点	8	不正确不得分	
	操作面板	5	使用操作面板上的常用功能键(如回零、手动、MDI等)	通过MDI输入程序	2	不会操作全扣	
	对刀		对刀操作并确定相关坐标系	对刀操作并确定相关坐标系	3	坐标系不正确全扣	
	轮廓加工	60	轴径公差等级:IT6	轴径公差等级:IT6	4	每超差0.01 mm或2′扣2分	
			形位公差等级:IT8	形位公差等级:IT8	4	超差0.01 mm扣1分	
			表面粗糙度:$R_a1.6\ \mu m$	表面粗糙度:$R_a1.6\ \mu m$	6	每错一处扣1分	

续上表

鉴定项目类别	鉴定项目名称	国家职业标准规定比重(%)	《框架》中鉴定要素名称	本命题中具体鉴定要素分解	配分	评分标准	考核难点说明
"E"	切削槽加工		尺寸公差等级:IT6	尺寸公差等级:IT6	6	超差不得分(3 处)	
			形位公差等级:IT8	形位公差等级:IT8	6	超差不得分	
			表面粗糙度:$R_a1.6\ \mu m$	表面粗糙度:$R_a1.6\ \mu m$	6	超差不得分	
	螺纹加工		尺寸公差等级:IT6	尺寸公差等级:IT6	4	超差全扣	
			形位公差等级:IT8	形位公差等级:IT8	3	超差 0.01 mm 扣 1 分	
			表面粗糙度:$R_a1.6\ \mu m$	表面粗糙度:$R_a1.6\ \mu m$	3	每错一处扣 1 分	
	孔加工		尺寸公差等级:IT6	尺寸公差等级:IT6	3	超差 0.01 mm 扣 2 分	
			形位公差等级:IT8	形位公差等级:IT8	3	超差 0.01 mm 扣 1 分	
			表面粗糙度:$R_a1.6\ \mu m$	表面粗糙度:$R_a1.6\ \mu m$	2	每错一处扣 1 分	
	零件精度检验		进行零件的长度、内径、外径、螺纹、角度精度检验	进行零件的长度、内径、外径、螺纹、角度精度检验	10	每错一处扣 2 分	
"F"	数控车床故障诊断	5	读懂数控系统的报警信息	读懂数控系统的报警信息	2	每错一处扣 1 分	
			发现并排除由数控程序引起的数控车床的一般故障	发现并排除由数控程序引起的数控车床的一般故障	3	每一处不能排除扣 1 分	
	质量、安全、工艺纪律、文明生产等综合考核项目			考核时限	不限	每超时 5 min 扣 10 分	
				工艺纪律	不限	依据企业有关工艺纪律管理规定执行,每违反一次扣 10 分	
				劳动保护	不限	依据企业有关劳动保护管理规定执行,每违反一次扣 10 分	
				文明生产	不限	依据企业有关文明生产管理规定执行,每违反一次扣 10 分	
				安全生产	不限	依据企业有关安全生产管理规定执行,每违反一次扣 10 分,有重大安全事故,取消成绩	

数控车工(高级工)技能操作考核框架

一、框架说明

1. 依据《国家职业标准》^注,以及中国北车确定的"岗位个性服从于职业共性"的原则,提出数控车工(高级工)技能操作考核框架(以下简称:技能考核框架)。

2. 本职业等级技能操作考核评分采用百分制。即:满分为 100 分,60 分为及格,低于 60 分为不及格。

3. 实施"技能考核框架"时,考核制件(活动)命题可以选用本企业的加工件(活动项目),也可以结合实际另外组织命题。

4. 实施"技能考核框架"时,考核的时间和场地条件等应依据《国家职业标准》,并结合企业实际确定。

5. 实施"技能考核框架"时,其"职业功能"的分类按以下要求确定:

(1)"数控编程"、"零件加工"属于本职业等级技能操作的核心职业活动,其"项目代码"为"E"。

(2)"加工准备"、"数控车床维护与精度检验"属于本职业等级技能操作的辅助性活动,其"项目代码"分别为"D"和"F"。

6. 实施"技能考核框架"时,其"鉴定项目"和"选考数量"按以下要求确定:

(1)按照《国家职业标准》有关技能操作鉴定比重的要求,本职业等级技能操作考核制件的"鉴定项目"应按"D"+"E"+"F"组合,其考核配分比例相应为:"D"占 10 分,"E"占 85 分(其中:数控编程 20 分,零件加工 65 分),"F"占 5 分。

(2)依据中国北车确定的"核心职业活动选取 2/3,并向上取整"的规定,在"E"类鉴定项目——"数控编程"与"零件加工"的全部 9 项中,至少选取 6 项。

(3)依据中国北车确定的"其余'鉴定项目'的数量可以任选"的规定,"D"和"F"类鉴定项目——"加工准备"、"数控车床维护与精度检验"中,至少分别选取 1 项。

(4)依据中国北车确定的"确定'选考数量'时,所涉及'鉴定要素'的数量占比,应不低于对应'鉴定项目'范围内'鉴定要素'总数的 60%,并向上取整"的规定,考核制件(活动)的鉴定要素"选考数量"应按以下要求确定:

①在"D"类"鉴定项目"中,在已选定的至少 1 个鉴定项目中,至少选取已选鉴定项目所对应的全部鉴定要素的 60%项,并向上保留整数。

②在"E"类"鉴定项目"中,在已选定的至少 6 个鉴定项目所包含的全部鉴定要素中,至少选取总数的 60%项,并向上保留整数。

③在"F"类"鉴定项目"中,在已选定的 1 个或全部鉴定项目中,至少选取已选鉴定项目所对应的全部鉴定要素的 60%项,并向上保留整数。

举例分析:

按照上述"第 6 条"要求,若命题时按最少数量选取,即:在"D"类鉴定项目中选取了"读图与绘图"1 项,在"E"类鉴定项目中选取了"计算机辅助编程"、"螺纹加工"、"切削槽加工"、"椭圆加工"、"配合件加工"、"零件精度检验"6 项,在"F"类鉴定项目中选取了"机床精度检验"1 项,则:

此考核制件所涉及的"鉴定项目"总数为 8 项,具体包括:"读图与绘图"、"计算机辅助编程"、"螺纹加工"、"切削槽加工"、"椭圆加工"、"配合件加工"、"零件精度检验"、"机床精度检验";

此考核制件所涉及的鉴定要素"选考数量"相应为 14 项,具体包括:"读图与绘图"鉴定项目包含的全部 3 个鉴定要素中的 2 项,"计算机辅助编程"、"数控加工仿真"、"螺纹加工"、"椭圆加工"、"配合件加工"、"零件精度检验"6 个鉴定项目包含的全部 15 个鉴定要素中的 9 项,"数控车床故障诊断"鉴定项目包含的全部 2 个鉴定要素中的 2 项。

7. 本职业等级技能操作需要两人及以上共同作业的,可由鉴定组织机构根据"必要、辅助"的原则,结合实际情况确定协助人员的数量。在整个操作过程中,协助人员只能起必要、简单的辅助作用。否则,每违反一次,至少扣减应考者的技能考核总成绩 10 分,直至取消其考试资格。

8. 实施"技能考核框架"时,应同时对应考者在质量、安全、工艺纪律、文明生产等方面行为进行考核。对于在技能操作考核过程中出现的违章作业现象,每违反一项(次)至少扣减技能考核总成绩 10 分,直至取消其考试资格。

注:按照中国北车规定,各《职业技能操作考核框架》的编制依据现行的《国家职业标准》或现行的《行业职业标准》或现行的《中国北车职业标准》的顺序执行。

二、数控车工(高级工)技能操作鉴定要素细目表

职业功能	鉴定项目		鉴定比重(%)	选考方式	鉴定要素		
	项目代码	名　称			要素代码	名　称	重要程度
加工准备	D	读图与绘图	10	任选	001	读懂中等复杂程度(如刀架)的装配图	X
					002	根据装配图拆画零件图	X
					003	测绘零件	Y
		制定加工工艺			001	编制复杂零件的数控车床加工工艺文件	X
		零件定位与装夹			001	选择和使用数控车床组合夹具和专用夹具	X
					002	分析并计算车床夹具的定位误差	X
					003	设计与自制装夹辅具(如心轴、轴套、定位件等)	Y
		刀具准备			001	选择各种刀具及刀具附件	X
					002	根据难加工材料的特点,选择刀具的材料、结构和几何参数	Y
					003	刃磨特殊车削刀具	X
数控编程	E	手工编程	20	至少选6项	001	运用变量编程编制含有公式曲线的零件数控加工程序	X
		计算机辅助编程			001	利用计算机绘图软件绘制装配图	Y

职业功能	鉴定项目				鉴定要素		
	项目代码	名　称	鉴定比重（%）	选考方式	要素代码	名　称	重要程度
零件加工	E	轮廓加工	65		001	轴径公差等级：IT6	X
					002	孔径公差等级：IT7	X
					003	形位公差等级：IT8	X
					004	表面粗糙度：R_a1.6 μm	X
		螺纹加工			001	尺寸公差等级：IT6	X
					002	形位公差等级：IT8	X
					003	表面粗糙度：R_a1.6 μm	X
		孔加工			001	尺寸公差等级：IT6	X
					002	形位公差等级：IT8	X
					003	表面粗糙度：R_a1.6 μm	X
		切削槽加工			001	尺寸公差等级：IT6	X
					002	形位公差等级：IT8	X
					003	表面粗糙度：R_a1.6 μm	X
		椭圆加工			001	尺寸公差等级：IT6	X
					002	形位公差等级：IT8	X
					003	表面粗糙度：R_a1.6 μm	X
		配合件加工			001	按装配图上的技术要求对套件进行零件加工和组装	X
					002	配合公差达到IT7	X
		零件精度检验			001	在加工过程中使用百分表、千分表等进行在线测量，并进行加工技术参数的调整	X
					002	进行多线螺纹的检验	X
					003	进行加工误差分析	X
数控车床维护与精度检验	F	数控车床日常维护	5	任选	001	制定数控车床的日常维护规程	X
					002	监督检查数控车床的日常维护状况	X
		机床精度检验			001	利用量具、量规对机床主轴的垂直平行度、机床水平度等一般机床几何精度进行检验	X
					002	进行机床切削精度检验	X

数控车工(高级工)
技能操作考核样题与分析

职业名称:＿＿＿＿＿＿＿＿＿＿＿＿

考核等级:＿＿＿＿＿＿＿＿＿＿＿＿

存档编号:＿＿＿＿＿＿＿＿＿＿＿＿

考核站名称:＿＿＿＿＿＿＿＿＿＿＿＿

鉴定责任人:＿＿＿＿＿＿＿＿＿＿＿＿

命题责任人:＿＿＿＿＿＿＿＿＿＿＿＿

主管负责人:＿＿＿＿＿＿＿＿＿＿＿＿

中国北车股份有限公司劳动工资部制

职业技能鉴定技能操作考核制件图示或内容

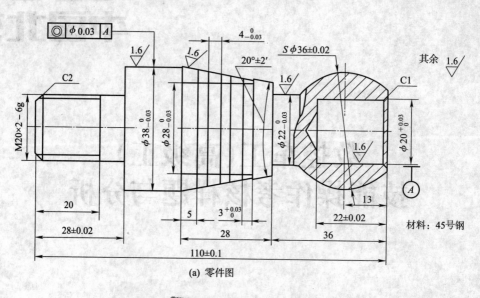

(a) 零件图

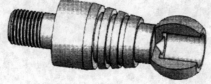

(b) 实物图

职业名称	数控车工
考核等级	高级工
试题名称	轴零件
材质等信息：45 号钢	

职业技能鉴定技能操作考核准备单

职业名称	数控车工
考核等级	高级工
试题名称	轴零件

一、材料准备

1. 材料材质:45 号钢。
2. 坯件尺寸:$\phi40$ mm×115 mm。

二、设备、工、量、卡具准备清单

序号	名　称	规　格	数　量	备　注
1	游标卡尺	0~150 mm,精度 0.02 mm	1	
2	千分尺	0~25 mm、25~50 mm	各1	
3	万能量角器	0~320°,精度 2′	1	
4	百分表	0~10 mm,精度 0.01 mm	1	
5	磁性表座		1	
6	内径量表	18~35 mm,精度 0.01 mm	1	
7	螺纹环规	M20×2-6g	1	

三、考场准备

1. 相应的公用设备、设备与器具的润滑与冷却等。
2. 相应的场地及安全防范措施。
3. 其他准备。

四、考核内容及要求

1. 考核内容
按职业技能鉴定技能操作考核制件图示或内容制作。

2. 考核时限
应满足国家职业技能标准中的要求,本试题为 240 min。

3. 考核评分(表)
按职业技能鉴定技能考核制件(内容)分析表中的配分与评分标准执行。

职业名称	数控车工		考核等级		高级工
试题名称	轴零件		考核时限		240 min
鉴定项目	考核内容	配分	评分标准	扣分说明	得分
制定加工工艺	编制零件加工工艺路线	.3	不合理一项扣1分		
刀具准备	选择各种刀具及刀具附件	2	不合理一项扣1分		
	根据难加工材料的特点,选择刀具的材料、结构和几何参数	3	不合理一项扣1分		
	刃磨特殊车削刀具	2	不合理一项扣1分		

鉴定项目	考核内容	配分	评分标准	扣分说明	得分
手工编程	轮廓节点计算过程	12	轮廓节点每错一处扣2分;程序每错一处扣2分		
计算机辅助编程	绘制零件装配图	8	不正确不得分		
轮廓加工	轴径公差等级:IT6	4	每超差0.01 mm或2′扣2分		
	形位公差等级:IT8	4	超差0.01 mm扣1分		
	表面粗糙度:R_a1.6 μm	6	每错一处扣1分		
切削槽加工	尺寸公差等级:IT6	6	超差不得分(3处)		
	形位公差等级:IT8	6	超差不得分		
	表面粗糙度:R_a1.6 μm	6	超差不得分		
螺纹加工	尺寸公差等级:IT6	4	超差全扣		
	形位公差等级:IT8	2	超差0.01 mm扣1分		
	表面粗糙度:R_a1.6 μm	2	每错一处扣1分		
孔加工	尺寸公差等级:IT6	2	超差0.01 mm扣2分		
	形位公差等级:IT8	2	超差0.01 mm扣1分		
	表面粗糙度:R_a1.6 μm	2	每错一处扣1分		
零件精度检验	在加工过程中使用百分表、千分表等进行在线测量,并进行加工技术参数的调整	3	不正确全扣		
	进行加工误差分析	2	不正确全扣		
机床精度检验	利用量具、量规对机床主轴的垂直平行度、机床水平度等一般机床几何精度进行检验	3	不正确全扣		
	进行机床切削精度检验	2	不正确全扣		
质量、安全、工艺纪律、文明生产等综合考核项目	考核时限	不限	每超时5 min扣10分		
	工艺纪律	不限	依据企业有关工艺纪律管理规定执行,每违反一次扣10分		
	劳动保护	不限	依据企业有关劳动保护管理规定执行,每违反一次扣10分		
	文明生产	不限	依据企业有关文明生产管理规定执行,每违反一次扣10分		
	安全生产	不限	依据企业有关安全生产管理规定执行,每违反一次扣10分,有重大安全事故,取消成绩		

4. 技术要求

(1)锐边倒角 C0.3;

(2)未注倒角 C1;

(3)圆弧过渡光滑;

(4)不允许砂纸、锉刀进行修磨;

(5)未注尺寸公差按 GB/T 1840—1989 加工检验。

5. 考试规则

(1)本次考试时间为 240 min,每超时 5 min 扣 10 分;

(2)违反工艺纪律、安全操作、文明生产、劳动保护等,每次扣 10 分;

(3)有重大安全事故、考试作弊者取消其考试资格,判零分。

职业技能鉴定技能考核制件（内容）分析

职业名称	数控车工
考核等级	高级工
试题名称	轴零件
职业标准依据	国家职业标准

试题中鉴定项目及鉴定要素的分析与确定

分析事项＼鉴定项目分类	基本技能"D"	专业技能"E"	相关技能"F"	合计	数量与占比说明
鉴定项目总数	4	10	2	16	
选取的鉴定项目数量	2	7	1	10	
选取的鉴定项目数量占比（%）	50	70	50	63	
对应选取鉴定项目所包含的鉴定要素总数	4	23	2	29	
选取的鉴定要素数量	4	16	2	22	
选取的鉴定要素数量占比（%）	100	70	100	76	

所选取鉴定项目及相应鉴定要素分解与说明

鉴定项目类别	鉴定项目名称	国家职业标准规定比重（%）	《框架》中鉴定要素名称	本命题中具体鉴定要素分解	配分	评分标准	考核难点说明
"D"	制定加工工艺	10	编制复杂零件的数控车床加工工艺文件	零件加工工艺路线	3	不合理一项扣1分	
	刀具准备		选择各种刀具及刀具附件	选择各种刀具及刀具附件	2	不合理一项扣1分	
			根据难加工材料的特点,选择刀具的材料、结构和几何参数	根据难加工材料的特点,选择刀具的材料、结构和几何参数	3	不合理一项扣1分	
			刃磨特殊车削刀具	刃磨特殊车削刀具	2	不合理一项扣1分	
"E"	手工编程	20	运用变量编程编制含有公式曲线的零件数控加工程序	轮廓节点计算过程	12	轮廓节点每错一处扣2分;程序每错一处扣2分	
	计算机辅助编程		利用计算机绘图软件绘制装配图	绘制零件装配图	8	不正确不得分	
	轮廓加工	65	轴径公差等级:IT6	轴径公差等级:IT6	18	每超差0.01 mm或2′扣2分	
			形位公差等级:IT8	形位公差等级:IT8	4	超差0.01 mm扣1分	
			表面粗糙度:R_a1.6 μm	表面粗糙度:R_a1.6 μm	6	每错一处扣1分	
	切削槽加工		尺寸公差等级:IT6	尺寸公差等级:IT6	6	超差不得分(3处)	
			形位公差等级:IT8	形位公差等级:IT8	6	超差不得分	
			表面粗糙度:R_a1.6 μm	表面粗糙度:R_a1.6 μm	6	超差不得分	
	螺纹加工		尺寸公差等级:IT6	尺寸公差等级:IT6	4	超差全扣	
			形位公差等级:IT8	形位公差等级:IT8	2	超差0.01 mm扣1分	
			表面粗糙度:R_a1.6 μm	表面粗糙度:R_a1.6 μm	2	每错一处扣1分	

续上表

鉴定项目类别	鉴定项目名称	国家职业标准规定比重(%)	《框架》中鉴定要素名称	本命题中具体鉴定要素分解	配分	评分标准	考核难点说明
"E"	孔加工		尺寸公差等级:IT6	尺寸公差等级:IT6	2	超差 0.01 mm 扣 2 分	
			形位公差等级:IT8	形位公差等级:IT8	2	超差 0.01 mm 扣 1 分	
			表面粗糙度:R_a1.6 μm	表面粗糙度:R_a1.6 μm	2	每错一处扣 1 分	
	零件精度检验		在加工过程中使用百分表、千分表等进行在线测量,并进行加工技术参数的调整	在加工过程中使用百分表、千分表等进行在线测量,并进行加工技术参数的调整	3	不正确全扣	
			进行加工误差分析	进行加工误差分析	2	不正确全扣	
"F"	机床精度检验	5	利用量具、量规对机床主轴的垂直平行度、机床水平度等一般机床几何精度进行检验	利用量具、量规对机床主轴的垂直平行度、机床水平度等一般机床几何精度进行检验	3	不正确全扣	
			进行机床切削精度检验	进行机床切削精度检验	2	不正确全扣	
质量、安全、工艺纪律、文明生产等综合考核项目				考核时限	不限	每超时 5 min 扣 10 分	
				工艺纪律	不限	依据企业有关工艺纪律管理规定执行,每违反一次扣 10 分	
				劳动保护	不限	依据企业有关劳动保护管理规定执行,每违反一次扣 10 分	
				文明生产	不限	依据企业有关文明生产管理规定执行,每违反一次扣 10 分	
				安全生产	不限	依据企业有关安全生产管理规定执行,每违反一次扣 10 分,有重大安全事故,取消成绩	

参 考 文 献

[1] 崔忠圻,刘北兴. 金属学与热处理原理[M]. 哈尔滨:哈尔滨工业大学出版社,1998.

[2] 刘云龙. 数控车工鉴定考核试题库(中级工适用)[M]. 北京:机械工业出版社,2011.

[3] 刘云龙. 数控车工鉴定考核试题库(高级工适用)[M]. 北京:机械工业出版社,2012.

[4] 中华人民共和国人力资源和社会保障部. 数控车工国家职业技能标准(2009年修订)[M]. 北京:中国劳动社会保障出版社,2009.

[5] 刘云龙. 数控车工考试标准化试题及解答[M]. 北京:机械工业出版社,2001.

[6] 机械工业职业技能鉴定指导中心. 初级电数控车工技术[M]. 北京:机械工业出版社,2002.

[7] 王明红. 数控技术[M]. 北京:清华大学出版社,2009.

[8] 倪祥明. 数控机床及数控加工技术[M]. 北京:人民邮电出版社,2011.

[9] 唐利平. 数控车削加工技术[M]. 北京:机械工业出版社,2011.

[10] 朱勇. 数控机床编程与加工[M]. 北京:中国人事出版社,2011.

[11] 关雄飞. 数控加工工艺与编程[M]. 北京:机械工业出版社,2011.

[12] 周虹. 使用数控车床的零件加工[M]. 北京:清华大学出版社,2011.

[13] 刘虹. 数控加工编程及操作[M]. 北京:机械工业出版社,2011.

[14] 叶俊. 数控切削加工[M]. 北京:机械工业出版社,2011.

[15] 李柱. 数控加工工艺及实施[M]. 北京:机械工业出版社,2011.

[16] 卢万强. 数控加工技术(第2版)[M]. 北京:北京理工大学出版社,2011.

[17] 刘昭琴. 机械零件数控车削加工[M]. 北京:北京理工大学出版社,2011.

[18] 周芸. 数控机床编程与加工实训教程[M]. 北京:中国人事出版社,2011.

[19] 高彬. 数控加工工艺[M]. 北京:清华大学出版社,2011.

[20] 关颖. 数控车床操作与加工项目式教程[M]. 北京:电子工业出版社,2011.

[21] 施晓芳. 数控加工工艺[M]. 北京:电子工业出版社,2011.

[22] 杨显宏. 数控加工编程与操作[M]. 北京:机械工业出版社,2011.

[23] 蔡有杰. 数控编程及加工技术[M]. 北京:中国电力出版社,2011.

[24] 周晓宏. 数控加工技能综合实训(中级工适用)[M]. 北京:机械工业出版社,2011.

[25] 任志俊,陈伟. 数控车工实用技术[M]. 湖南:湖南科技出版社,2013.

[26] 卓良福,黄新宇. 全国数控技能大赛实操试题集锦[M]. 湖南:华中科技大学出版社,2010.

[27] 沈建锋,虞俊. 数控车工(高级工适用)[M]. 北京:机械工业出版社,2007.

[28] 崔兆华. 数控车工(中级工适用)[M]. 北京:机械工业出版社,2007.

[29] 李红波,张伟峰. 数控车工(职业技能训练用书)[M]. 北京:机械工业出版社,2010.

[30] 孙奎洲,刘伟. 数控车工技能培训与大赛试题精选[M]. 北京:北京理工大学出版社,2011.

[31] 王睿鹏. 数控机床编程与操作[M]. 北京:机械工业出版社,2009.

[32] 逯晓勤,刘保臣,李海梅. 数控机床编程技术(第 2 版)[M]. 北京:机械工业出版社,2011.

[33] 晏初宏. 数控加工工艺编程[M]. 北京:化学工业出版社,2010.

[34] 赵先仲,程俊兰. 数控加工工艺编程[M]. 北京:电子工业出版社,2011.

[35] 刘书华. 数控机床与编程[M]. 北京:机械工业出版社,2007.

[36] 周兆元,李翔英. 互换性与测量技术基础(第三版)[M]. 北京:机械工业出版社,2011.

[37] 中国就业培训技术指导中心. 职业道德国家职业资格培训教程[M]. 北京:中央广播电视大学出版社,2007.

[38] 郑平. 职业道德(第二版)[M]. 北京:中国劳动社会保障出版社,2007.

[39] 杨贺来. 数控机床[M]. 北京:清华大学出版社,2009.

[40] 张应力. 新编数控车工实用手册[M]. 北京:金盾出版社,2004.

[41] 李斌,李曦. 数控技术[M]. 武汉:华中科技大学出版社,2010.

[42] 周泽华. 金属切削原理(第二版)[M]. 上海:上海科学技术出版社,1993.

[43] 肖诗纲. 刀具材料及其合理选择[M]. 北京:机械工业出版社,1981.

[44] 蔺启恒. 金属切削实用刀具技术[M]. 北京:机械工业出版社,1993.

[45] 龚安定. 机床夹具设计原理[M]. 西安:陕西科学出版社,1981.